Tolib Turaev
Muqaddas Shokirova
Khusniddin Rakhimov

Tecnologia para a obtenção de absorventes compostos a partir de matérias-primas locais

Tolib Turaev
Muqaddas Shokirova
Khusniddin Rakhimov

Tecnologia para a obtenção de absorventes compostos a partir de matérias-primas locais

Monografia

ScienciaScripts

Imprint

Cover image: www.ingimage.com

This book is a translation from the original published under ISBN 978-620-8-41701-7.

Publisher:
Sciencia Scripts
is a trademark of
Dodo Books Indian Ocean Ltd. and OmniScriptum S.R.L publishing group

120 High Road, East Finchley, London, N2 9ED, United Kingdom
Str. Armeneasca 28/1, office 1, Chisinau MD-2012, Republic of Moldova, Europe
Managing Directors: Ieva Konstantinova, Victoria Ursu
info@omniscriptum.com

Printed at: see last page
ISBN: 978-620-8-59672-9

T.B. Turaev, M.M. Shokirova, Kh.N. Rakhimov

TECNOLOGIA DE OBTENÇÃO DE ABSORVENTES COMPÓSITOS A PARTIR DE MATÉRIAS-PRIMAS LOCAIS

A monografia aborda o desenvolvimento dos fundamentos teóricos das tecnologias e materiais de processamento de gás na nossa república, a criação de uma nova geração de absorventes utilizados no processo tecnológico de purificação primária, aumentando o período da sua utilização, e a regeneração de absorventes saturados. Descreve-se a criação de métodos de modificação para melhorar as suas propriedades de absorção, bem como o estudo de direcções para a reutilização de absorventes usados.

A monografia baseia-se nas especialidades de bacharelato 60720500 "Tecnologia de processamento de gás profundo", 60721100 "Obras de petróleo e gás", 60721100 - "Tecnologia de processamento de petróleo e gás de petróleo" e no mestrado 70721102 - "Processamento de petróleo e gás e tecnologia química". 70721102 - "Processamento do petróleo e do gás e sua tecnologia química", 70530103 - "Química e tecnologia do petróleo e do gás" destinam-se a ser utilizados no processo educativo, nos trabalhos de curso, nos trabalhos finais de qualificação e nas teses de mestrado.

ÍNDICE DE CONTEÚDOS

INTRODUÇÃO

A República do Usbequistão possui enormes reservas de matérias-primas de hidrocarbonetos. O volume de gás natural extraído é superior a 60 mil milhões de m^3/ano.

Atualmente, nas instalações de processamento de gás da República: USE "Shurtanneftegas" Mubarek Gas Processing Plant, bem como Shurtan Gas Chemical Plant, no processo de purificação do gás natural, é utilizada a demanda total de DEA e MDEA, que chega a 2500 toneladas/ano, adquiridas no exterior a 1250 dólares americanos por tonelada. Neste caso, a capacidade de absorção destes absorventes não excede 0,4 moles/mole.

O reforço das exigências de qualidade do gás purificado, a redução dos custos em divisas e a melhoria dos indicadores técnicos e económicos do processo de purificação do gás natural exigem uma solução rápida para as questões do aumento da produtividade e da redução das perdas por absorção.

Neste sentido, são muito relevantes os trabalhos relacionados com o desenvolvimento e a implementação de novos absorventes mais eficientes, caracterizados por indicadores de elevado desempenho - maior capacidade de sorção e propriedades estáveis. O nosso país é uma região rica em compostos de hidrocarbonetos; 3,5 milhões de toneladas de petróleo e 75 biliões de m^3 de gás natural são produzidos e processados anualmente na nossa república. 80-90% do gás natural que produzimos é gás ácido, que é composto principalmente por compostos de enxofre (sulfureto de hidrogénio (H_2S), mercaptanos (R-SH), monóxido de carbono-sulfureto (COS), dissulfureto de carbono (CS_2), etc.) que requerem limpeza. Uma vez que os compostos de enxofre são ácidos, provocam a corrosão das tubagens, dos instrumentos e do equipamento, envenenam os seus catalisadores e provocam falhas rápidas. Por conseguinte, para assegurar o funcionamento a longo prazo dos dispositivos tecnológicos industriais, reagentes químicos, catalisadores, bem como como para evitar a poluição ambiental e atmosférica, os gases naturais são purificados de compostos de enxofre.

Atualmente, existem vários métodos para purificar o gás natural dos compostos de enxofre; os métodos de absorção e adsorção são os mais difundidos na indústria. Simultaneamente, a aplicação prática da tecnologia de absorção-dessorção para a purificação do gás natural destes componentes agressivos tem produzido resultados positivos. As soluções aquosas de 25-30% de etanolaminas (dietanolamina (DEA), metildietanolamina (MDEA), etc.) são utilizadas como absorventes. Atualmente, 25-30% de DEA e MDEA no processo de purificação de gás natural em empresas de processamento de gás da nossa república: Muborak GPP LLC, Shortanneftegaz LLC, Shortan Gas Chemical Complex LLC, Kandym Gas Processing Plant, Ustyurt Gas Chemical Complex utilizam soluções aquosas. A procura anual de etanolaminas em todas as empresas de transformação de gás no nosso país é de 2300-2500 toneladas. As etanolaminas não são produzidas na nossa república; são principalmente importadas do estrangeiro em moeda estrangeira.

A utilização de etanolaminas como absorventes no processo de purificação de gases não resolveu completamente todos os problemas neste domínio. A utilização de etanolaminas no domínio da depuração de gases tem uma série de resultados positivos específicos, mas também tem desvantagens.

1. O volume de absorção das etanolaminas é relativamente pequeno, ou seja, não excede 0,44 mol/mole.

2. Os gases são regenerados repetidamente a altas temperaturas no processo de purificação de compostos tóxicos com a ajuda de etanolaminas e, como resultado do uso repetido, são destruídos, a sua viscosidade aumenta e tornam-se inadequados para o processo de purificação de gás.

3. Quando as etanolaminas são regeneradas a altas temperaturas, ocorrem reacções de oxidação e polimerização no dessorvedor devido aos compostos de enxofre e oxigénio dissolvidos na solução e, como resultado, formam-se compostos di-, tri-, tetraméricos e outros compostos de etanolamina;

4. Perda de etanolaminas devido à formação de espuma durante o processo de limpeza do gás em resultado de um aumento da viscosidade da etanolamina e da libertação de espuma do sistema de limpeza do gás devido à permanência prolongada da espuma.

5. Devido à incapacidade de produzir etanolaminas na nossa república, estas são importadas do estrangeiro (Rússia, Irão e Turquia) à custa de divisas estrangeiras (2 850 dólares por tonelada em 12 de setembro de 2022).

6. Com base em requisitos rigorosos para a qualidade do gás purificado, a melhoria dos indicadores técnicos e económicos do processo

de purificação do gás natural, o aumento da produtividade e a redução das perdas de absorventes, o aumento da eficiência económica através da purificação das etanolaminas residuais de vários compostos nocivos e a sua reutilização no processo de purificação do gás, bem como a redução dos custos cambiais, exigem a resolução dos problemas actuais.

CAPÍTULO I. ABSORVENTES E TECNOLOGIAS PARA PURIFICAR OS GASES DE HIDROCARBONETOS DOS SEUS COMPONENTES AGRESSIVOS

Atualmente, a utilização de gás natural, que é um tipo de combustível extraído e de matérias-primas químicas amigo do ambiente, cobre 25% da procura mundial e, no século XXI, esta percentagem irá aumentar. O volume anual de produção de gás no Uzbequistão estabilizou atualmente ao nível de 60 mil milhões de m^3, incluindo gases contendo sulfureto de hidrogénio - cerca de 50 mil milhões de m^3 [2]. Para além do H_2S tóxico e corrosivo, estes gases contêm CO_2, tióis, COS, CS_2 e sulfuretos de alquilo que devem ser recuperados na fase inicial do processamento do gás.

Os compostos gasosos de enxofre são tóxicos e complicam a produção, o transporte e o processamento do gás. O mesmo se aplica ao dióxido de carbono, que faz parte da maioria dos gases naturais que contêm sulfureto de hidrogénio. De seguida, apresentam-se as propriedades dos componentes ácidos dos gases naturais e dos compostos que contêm enxofre, resumidas a partir dos dados.

Sulfureto de hidrogénio - um gás incolor com cheiro a ovo podre, a uma temperatura de -60,4°C H_2S transforma-se num líquido incolor, cristalizando a -85,6°C. A toxicidade do H_2S manifesta-se pelo seu efeito irritante nas membranas mucosas dos olhos e do trato respiratório superior. Provoca a corrosão dos metais, com a presença de humidade no gás, que aumenta acentuadamente.

Dissulfureto de carbono - líquido incolor facilmente volátil. A temperaturas elevadas, forma sulfureto de hidrogénio com hidrogénio. Venenoso, facilmente entra na corrente sanguínea através do trato respiratório, o envenenamento agudo desenvolve-se na pele em concentrações CS_2 no ar 1 mg/l. É utilizado como solvente de polímeros e como extrato na produção de viscose.

Sulfureto de carbono (COS) sulfureto de carbonilo - gás altamente inflamável, incolor e inodoro. Dissolve-se bem em dissulfureto de carbono, tolueno e álcool etílico, bem como em água, com subsequente decomposição em CO_2 e H_2S. Gás altamente venenoso.

O dióxido de carbono (dióxido de carbono) é um gás incolor com um odor e um sabor ligeiramente azedos. A solubilidade do CO_2 em água é de 0,335 e 0,169% 9 wt. às temperaturas de 0 e 20°C, respetivamente. Ao mesmo tempo, interagindo parcialmente com a água, forma ácido carbónico. Dos componentes ácidos do gás natural acima referidos, o CO_2 é corrosivo; ao interagir com o metal dos equipamentos e tubagens, forma carbonato de ferro, que está associado à corrosão do dióxido de carbono.

Os componentes agressivos do gás natural acima mencionados requerem uma purificação através de vários métodos:

- quimisorção, baseada na interação química das impurezas com um líquido absorvente;

- absorção física, em que as impurezas são seletivamente absorvidas por um solvente orgânico;

- combinados, utilizando simultaneamente absorventes químicos e físicos;

- oxidativa, baseada nas transformações irreversíveis das impurezas em enxofre elementar e outras substâncias;

- adsorção, em que as impurezas são absorvidas seletivamente na superfície de sólidos - carvão ativado, aluminossilicatos (silicogel), zeólitos, etc.

A escolha do método de purificação do gás natural depende de muitos factores: a composição e os parâmetros do gás bruto; o grau necessário da sua purificação; o tipo e a quantidade de recursos energéticos disponíveis; os requisitos de proteção ambiental; etc.

A análise da prática mundial de purificação do gás natural mostrou que, para os grandes fluxos de gás, o método mais eficaz é a absorção por meio de absorventes. Os processos de oxidação e adsorção são utilizados, regra geral, para a purificação de pequenos fluxos de gás ou para a purificação profunda de gás utilizado para fins analíticos.

São impostas as seguintes exigências aos absorventes industriais: elevada capacidade de absorção, baixa pressão de vapor (evaporabilidade), estabilidade termoquímica em condições de funcionamento, baixa viscosidade, condutividade térmica e toxicidade, disponibilidade industrial, seletividade na absorção de certas impurezas.

As alcanolaminas (aminoálcoois) que contêm grupos hidroxilo e amino são utilizadas como quimiossorventes.

As principais vantagens da purificação de gás com alcanolaminas, realizada, como regra, usando a tecnologia de circulação (absorção-dessorção) são o alto grau de extração de H_2S e CO_2, independentemente de sua pressão parcial na matéria-prima, e a absorção insignificante de hidrocarbonetos (ao mesmo tempo, a qualidade do produto obtido do enxofre elementar H2S). Na indústria de gás doméstica, a purificação por absorção usando uma solução aquosa de DEA foi realizada nas maiores plantas de processamento de gás; UDP "Shurtanneftegaz", Mubarek Gas Processing Plant e Shurtan Gas Chemical Plant, cujas tecnologias foram emprestadas de plantas existentes na Rússia. A experiência na exploração destas instalações de dessulfuração mostrou que os custos energéticos podem ascender a 30% do custo do gás purificado.

Em ligação com o enfoque da poupança de energia no desenvolvimento da tecnologia mundial e nacional, está a ser realizado um grande número de estudos para melhorar a purificação por absorção do gás com alcanolaminas.

Os absorventes utilizados devem geralmente satisfazer os seguintes requisitos

- elevada capacidade de absorção dos componentes agressivos do gás natural;
- a sua seletividade para componentes ácidos;

- baixas pressões de vapores saturados para garantir perdas mínimas com gás purificado;
- baixa solubilidade mútua com hidrocarbonetos;
- elevada capacidade de produção (reatividade) para o gás a purificar;
- grau de purificação satisfatório (não mais de 20 mg/m^3 de gás);
- falta de atividade de corrosão no metal;
- propriedades neutras em relação aos hidrocarbonetos e inibidores utilizados na produção e no processamento de gases no terreno;
- resistência à formação de espuma.

Os absorventes nem sempre satisfazem os requisitos acima referidos na medida necessária. Os gases naturais extraídos de diferentes campos diferem significativamente no seu desempenho e os absorventes utilizados (soluções aquosas de DEA e MDEA) muitas vezes não garantem a purificação completa do gás dos seus componentes agressivos.

Entre as alcanolaminas, as mais utilizadas para a depuração de gases a partir do sulfureto de hidrogénio e do dióxido de carbono são a monoetanolamina (MEA), a dietanolamina (DEA), a diglicolamina (DGA), a diisopropanolamina (DIPA), bem como a trietanolamina (TEA) e a metildietanolamina (MDEA).

A produção de absorventes do tipo etanolamina baseia-se na reação do óxido de etileno com o amoníaco num ambiente alcalino. Dependendo da profundidade da reação nos processos de esterificação do amoníaco, obtêm-se mono, di e metildietanolaminas. A partir delas obtêm-se soluções de absorção:

- monoetanolamina: água = 25-35%: 65-75%;
- dietanolamina: água = 30-40%: 60-70%;
- metildietanolamina: água = 40%: 60%.

Com um aumento do peso molecular das etanolaminas (hidroxilos, em grupos etileno), a solubilidade aumenta e, ao mesmo tempo, a basicidade diminui com um aumento simultâneo da seletividade para compostos de enxofre e hidrocarbonetos.

1.1. Fundamentos teóricos da sorção de gases em absorventes

A reatividade química das alcanolaminas com substâncias de natureza ácida (H_2S, CO_2, COS, etc.) é determinada pela presença de um grupo amino que apresenta propriedades básicas.Das fórmulas químicas das alcanolaminas apresentadas na Tabela 1.1.1, verifica-se que os seus átomos de azoto são substituídos por um ou três grupos oxialquilo (etilol) com grupos hidroxilo terminais (grupos HO -), que reduzem a solubilidade das moléculas em água e a volatilidade das suas soluções aquosas.

Quadro 1.1.1.

Propriedades físico-químicas das alcanolaminas e das suas soluções aquosas - absorventes

Indicadores imobiliários	Alcanolaminas		
	Primário	Secundário	Terciário

	MEA	DG A	DE A	DIPA	TEA	MDE A
1	2	3	4	5	6	7
Massa molecular	61	105	105	133	149	119
logK ionização (pK_v)	4.71	4.58	5.22	5.47	6.35	6.17
Calor de reação, kJ/mole, com H_2S com CO_2	51.51 84.46	53.3 9 86.9 6	39.99 66.50	41.5 2 71.6 5	31.7 0 64.4 7	35.69 58.97
Temperatura de ebulição, °C, a P=0,1 MPa	172	221	268	252	360	250
ρ20, g/cm^3	1.015	1.08 5	1,09 4	1.00 6	1.12 6	1.038
Temperatura de congelação, $^{(o)}$C	-10.5	-9.5	- 27.5	-42	-21.2	-21
Temperatura de congelação da solução, °C (fração mássica)	-17 (15%)	-	-16 (30%)	-18 (40%)	-13 (30%)	-
Pressão de vapor de uma solução aquosa a 25%. Pa, em t=30$^{(o)}$C 50$^{(o)}$C 100$^{(o)}$C	4.0 13.3 168	-	0.40 1.33 20.0	-	0.40 1.33 17.3	-
Capacidade térmica específica a 30°C, kJ/kg°C		3.4 (60 % s-				

	2.72	n, t 80ºC)	2.47	2.89	2.26	2.32

As alcanolaminas primárias (Tabela 1.1.2.) têm uma basicidade mais elevada (pK_v = 4,58-4,71) do que as secundárias (pK_v = 5,22-5,47) e terciárias (pK_v = 6,17-6. 35).

Com o aumento do número de substituintes oxialquilo e, consequentemente, da massa molecular, o ponto de ebulição das alcanolaminas aumenta (ver Quadro 1.1.2.), no entanto, a maioria começa a decompor-se a temperaturas mais baixas e à pressão atmosférica. A energia de interação das alcanolaminas com o H_2S e o CO_2, a julgar pela quantidade de calor libertado nestas reacções, é simbólica com a sua basicidade. O calor de reação do EA com o CO_2 é ligeiramente superior ao do H_2S.

Quadro 1.1.2.

Indicadores	Gás doce H_2S 0,1%, CO_2 4%		Gás ácido H_2S 4,6%, CO_2 4,6%		Dióxido de enxofre H_2S 1,8%, CO_2 0,5%	
	DEA	MDEA	DEA	MDEA	DEA	MDEA+DEA
Capacidade de gás, milhares de m^3	250	320	187	250	300	300
Período de circulação da solução, m^3/h	450	265	355	340	-	-

Refluxo específico, l/m3	1.6-1.8	0.6-0.8	1.9-2.2	1.25-1.35	1-1.2	0.6-0.8
Fração mássica de amina, %	20-25	35-40	25-28	33-39	25-28	40-45
Libertação de CO_2 (após), %	0.5-1	50-70	0.5-1	30.35	-	-
Consumo de vapor para dessorção kg, %	100	50-60	100	80	100	80-85

Nota: o teor em gás purificado é de H_2S 13 mg/m3, CO_2<0,02% vol.

As alcanolaminas, incluindo a etanolamina (EA), são líquidos viscosos higroscópicos com uma densidade ligeiramente superior à da água, completamente solúveis nesta e em álcoois de baixo peso molecular; são insolúveis em hidrocarbonetos e noutros solventes não polares. As soluções aquosas de alcanolaminas têm, em regra, uma viscosidade mais baixa e solidificam a uma temperatura mais baixa (Quadro 1.1.2.). Nestas soluções, as moléculas de alcanolamina concentram-se na interface (com o ar ou outro gás), reduzindo a tensão superficial entre elas, especialmente com o aumento da temperatura, como no caso da DEA e da MDEA, até 28-63 mN/m. A formação de sais de alcanolaminas aumenta a polaridade das suas moléculas e, consequentemente, a atividade superficial. É de notar que, com a diminuição da capacidade térmica específica da solução absorvente, o consumo de calor para o seu aquecimento e arrefecimento diminui.

As soluções aquosas de EA são bastante estáveis quando aquecidas. Por exemplo, quando uma solução de MDA a 20% é aquecida a 200°C durante 120 horas e uma solução a 58% (70 horas), a sua concentração permanece constante. As soluções de MDEA também são líquidos termoestáveis. A DEA e a TEA são consideradas menos estáveis: A DEA a t >180°C e a TEA a t >170°C são capazes de produzir produtos de policondensação resinosa.

Os aminoálcoois, resistentes ao calor moderado, são capazes de se oxidar sob a influência do oxigénio. Em primeiro lugar, os grupos HO terminais dos EA são oxidados em carboxilo (-COOH), depois a ligação C-N nas moléculas de aminoácidos resultantes é clivada para produzir ácido hidroxiacético (glicólico), a partir do qual se produz o ácido oxálico, etc.

De acordo com a teoria geralmente aceite da dissociação electrolítica, as substâncias designadas em solução aquosa entram nas seguintes reacções reversíveis (1-5):

$$\mathrm{EA-COO^- \leftrightarrow EA\cdot H^+ + HS^-} \quad (1)$$

$$\mathrm{H^+ + HS^- \leftrightarrow EA}\cdot H^+ + S^- \quad (2)$$

$$\mathrm{CO_2 + EA + H_2O \leftrightarrow EA\cdot H^+ + HCO_3^-} \quad (3)$$

$$\mathrm{HCO_3^- + EA \leftrightarrow} EA\cdot \mathrm{H^+ + CO_3^{2-}} \quad (4)$$

$$\mathrm{CO_2 + 2EA \leftrightarrow EA\cdot H^+} + EA - \mathrm{COO^-} \quad (5)$$

A velocidade e a probabilidade de estas reacções ocorrerem não são as mesmas. Assim, o H_2S tem acidez suficiente (pKa = 7,06) para uma interação rápida e completa com o EA, de acordo com a reação (1), e a reação (2) praticamente não ocorre devido à acidez muito baixa do anião HS- (pKa = 12,44). A reação (3) decorre de forma relativamente lenta, uma vez que a taxa de dissolução do CO_2 em H_2O para produzir ácido carbónico, que depois reage com o EA, é limitada. Por conseguinte, a taxa bastante elevada de absorção de CO_2 observada na prática deve-se à rápida reação (5) de formação de sais de amina do ácido carbâmico (carbamatos). Num ambiente ligeiramente alcalino, os carbamatos decompõem-se lentamente de acordo com a reação (6):

$$\mathrm{EA{-}COO^-...EA \cdot H^+ \leftrightarrow EA + EA \cdot HCO_3^-}\ ^- \qquad (6)$$

Por analogia com o CO_2, a reação (7) ocorre entre o COS ácido e o H_2O:

$$\mathrm{COS} + H_2O \leftrightarrow \mathrm{CO_2} + H_2S \qquad (7)$$

e entre COS e EA (8) para formar o tiocarbamato correspondente:

$$\mathrm{COS} + 2EA \leftrightarrow EA \cdot \mathrm{H^+} + EA - \mathrm{CSO^-} \qquad (8)$$

Em que, num ambiente aquático, é largamente hidrolisado em H_2S e CO_2.

Os sulfuretos fracamente dissociados CH3-, C2H5- e C3H7 SH não dissociados CS2, mono e di- (C_1-C_2), bem como os tiofenos, são capazes, em princípio, de formar complexos semelhantes a sais solúveis em água com o EA, mas a partir destes compostos são facilmente deslocados por compostos mais abundantes presentes na solução ácida H_2S e CO_2.

A estrutura química e a basicidade dos aminoálcoois influenciam significativamente a velocidade das suas reacções com gases ácidos. Por exemplo, os mais básicos MEA e DGA interagem mais rápida e energeticamente com H_2S, a velocidade e o efeito térmico da mesma reação diminuem para os menos básicos DEA e DIPA, e são ainda mais baixos para as bases mais fracas entre os EA - MDEA e TEA (Tabela 1.1.2). Nas reacções com CO2, um fator mais significativo é a impossibilidade de formação de derivados do ácido carbâmico para o MDEA e o TEA (devido à ausência de um átomo de H no N), o que limita a ligação do CO2 apenas a reacções lentas (3,4). A diminuição da taxa de interação (g, m^3/kmole*s) do EA terciário com o CO2 é expressa quantitativamente pelas equações cinéticas derivadas (9-11)

$$\log r_{MEA} = 11.070 - 2140 / (t + 273) \quad (9)$$

$$\log r_{DEA} = 10,046 - 2050 / (t + 273) \quad (10)$$

$$\log r_{MDEA} = 8,932 - 2426 / (t + 273) \quad (11)$$

A menor taxa de interação entre o CO2 e a MDEA (TEA) em comparação com a MEA e a DEA permite aumentar a seletividade da extração de H_2S do gás natural. É necessário ter em conta que a taxa de reacções químicas entre o EA e os componentes ácidos dos gases também diminui gradualmente com a diminuição do pH do ambiente (Fig. 6), ou seja, com o aumento da saturação do absorvente com estes componentes e com o esgotamento do EA não reagido.

No processo de saturação de uma solução aquosa de EA com componentes gasosos ácidos, não só a taxa de interação química diminui, mas também a pressão parcial destes componentes na fase gasosa, a sua concentração na fase líquida (absorvente) aumenta, incluindo devido à solubilidade física e à temperatura, o que complica a descrição quantitativa do processo como um todo.

Para diferentes EAs, com a mesma concentração de massa, a solução absorvente contém mais moles de EAs, quanto menor for a sua massa molecular; ou seja, os EAs de baixa massa molecular, em particular a MEA e outros, têm uma vantagem na capacidade de absorção.

Com a mesma concentração molar, as soluções de MEA permitem atingir a pressão parcial mais baixa de H_2S e CO_2 no sistema (ou o grau máximo de extração); as soluções de DEA e DIPA são menos activas; a DGA absorve H_2S e CO2 quase da mesma forma que a DEA. No entanto, a solubilidade do CO_2 em DGA torna-se menor do que em DEA a α>0,52 mole/mole EA.

1.2. Adsorventes e absorventes para gases agressivos

A tendência no desenvolvimento da investigação, tanto no estrangeiro como no nosso país, visa o desenvolvimento de processos de absorção ou adsorção eficazes.

A este respeito, consideremos algumas fontes primárias literárias que estão diretamente próximas dos nossos desenvolvimentos.

A adsorção é qualquer processo em que as moléculas são retidas na superfície de um sólido por forças de superfície. Existem duas classes de adsorventes: os adsorventes cuja atividade se deve à ação das forças de superfície e à condensação capilar (adsorção física) e os adsorventes que reagem quimicamente (quimisorção).

Os adsorventes utilizados nos processos de adsorção física devem ter as seguintes propriedades

- grande superfície de poros, o que determina a sua atividade;

-atividade selectiva em relação aos componentes extraídos do gás;

- elevada taxa de transferência de massa;

- estabilidade das propriedades de adsorção durante o funcionamento a longo prazo;

- baixa resistência ao fluxo de gás;

-Elevada resistência mecânica à destruição e à abrasão;

- ser relativamente barato, não corrosivo, não tóxico, quimicamente inerte e ter uma densidade média elevada;

- mantêm um volume constante durante o processo de adsorção e regeneração e permanecem fortes durante o processo de saturação com humidade.

Os processos de adsorção são utilizados principalmente nos casos em que é necessário obter concentrações mais baixas de compostos de enxofre em gases naturais e de petróleo. Carvões activados, peneiras moleculares, zeólitos naturais e outros podem ser utilizados como adsorventes nestes processos. As zeólitas são aluminossilicatos com uma estrutura de estrutura. Nos zeólitos, tal como noutros aluminossilicatos, o

Al, tal como o Si, está em coordenação tetraédrica com o oxigénio e substitui isomericamente o silício na estrutura geral silício-oxigénio. A química dos zeólitos é determinada pelo estado do Al na sua estrutura.

Os tetraedros alternados (Si, O) e (Al, O) estão ligados em estruturas tridimensionais de zeólitos de tal forma que todos os seus oxigénios estão divididos entre dois tetraedros adjacentes, tal como acontece no caso das modificações de SiO2 em que o silício está em coordenação tetraédrica. Por conseguinte, todos os zeólitos têm uma relação (Si + Al): O = 1: 2.

Outra manifestação química do Al tetraédrico nas estruturas dos zeólitos é a presença obrigatória de catiões de metais alcalinos e alcalino-terrosos nessas estruturas em quantidades estritamente equivalentes ao teor de Al. Esta circunstância está associada à necessidade de compensar a carga de um eletrão em excesso nos grupos tetraédricos de $AlO_{4/2}$, nos quais o Al, dispondo apenas de três dos seus próprios **electrões** de valência **s, p**, forma ligações equivalentes de pares de electrões com cada um dos quatro oxigénios que o rodeiam devido à atração de um eletrão adicional. A este respeito, ao contrário dos zeólitos com uma estrutura SiO2 eletricamente neutra, o (Si, Al)O2 transporta um excesso de cargas negativas na estrutura do aluminossilicato, cujo número corresponde ao número de tetraedros (Al, O) existentes. Por conseguinte, para todos os zeólitos, o teor total de catiões alcalinos e alcalino-terrosos é tal que a relação (Me_aO + MeO) : Al_2O_3 = 1. A substituição de tetraedros neutros (Si, O) por tetraedros carregados (Al, O) nas estruturas de zeólitos e aluminossilicatos pode geralmente ocorrer apenas dentro de certos intervalos limitados.

O mais interessante é o estudo de adsorventes industriais, que incluem zeólitos. As alterações na composição dos cristais de zeólito, a natureza dos catiões de troca e a densidade dos catiões afectam as propriedades de dessorção dos cristais em resultado de possíveis alterações no campo de forças da sua superfície. Devido à proximidade dos tamanhos dos canais intracristalinos e dos zeólitos com os tamanhos das moléculas simples de zeólito, apenas as moléculas cuja geometria lhes permite passar pelas áreas mais estreitas do sistema de canais intracristalinos e cavidades dos zeólitos podem absorver.

Atualmente, estão em funcionamento duas potentes instalações para secagem e purificação de gás de mercaptanos na fábrica de processamento de gás de Orenburg e para secagem e purificação de gás natural de sulfureto de hidrogénio no campo de Shurtan no Uzbequistão. No primeiro caso, são utilizados zeólitos NaX como agentes de secagem e, no segundo caso, zeólitos CaA importados.

Na tabela 1.2.1. são apresentados dados que mostram a natureza da dessorção da adsorção e da humidade química dos zeólitos e do gel de sílica

Como pode ser visto nos dados da Tabela 1.2.1, 83-95% da humidade adsorvida é removida no primeiro período, e os restantes 10-17% são humidade quimicamente ligada no segundo período. É caraterístico que toda a humidade seja facilmente dessorvida da sílica gel no primeiro período de regeneração. À medida que os adsorventes são utilizados, os coeficientes de difusão mudam.

Quadro 1.2.1.

Caraterísticas da superfície de absorventes industriais

Adsorvente	Diâmetro do grão, mm	Atividade do vapor de água, g/100 g		
		Completo	Adsorção	% do total
Zeólito NaX	1-2	30.30	28.80	95
Zeólito NaA	3	25.50	22.20	83
Zeólito CaA	4	19.05	17.25	90.5
Sílica gel LSGFP-6	0.8-1.2	15.60.	15.60	100

Ao purificar a zeólita NaX importada de mercaptanos, ocorre uma alteração na área de superfície específica e no volume dos poros, bem como na resistência mecânica e no esmagamento (Quadro 1.2.2.).

Quadro 1.2.2.

Caraterísticas físico-mecânicas das variedades de zeólitos

ZeoliteNaX	Superfície específica, m^2/g	Poros volume, cm^3/g	Índice de resistência mecânica ao esmagamento
Fresco, "Empresa "Labosorb	404	0.306	-
Fresco, "Empresa "Union Carbide	296	0.295	0.58
Fresco, "Union Carbide" após 8 meses de funcionamento	175	0.198	0.60

A análise dos dados do quadro 1.2.2 mostra que, no processo de funcionamento do zeólito NaX durante a purificação do gás a partir de tióis de H2S, a área de superfície específica e o volume dos poros diminuem, enquanto a resistência mecânica ao esmagamento permanece constante.

O zeólito CaA é o adsorvente mais eficaz para a absorção de dióxido de carbono do fluxo de gás natural.

A presença de hidrocarbonetos pesados e de outros compostos bem absorvidos pelo zeólito no gás natural pode reduzir significativamente a capacidade de adsorção do zeólito NaX para o sulfureto de hidrogénio, o que torna preferível a utilização do zeólito CaA.

Absorventes. Existem patentes para melhorar os parâmetros de funcionamento destas etanolaminas, combinando-as com glicóis como ingredientes que permitem regular as propriedades físicas e químicas das soluções. O DEG e outros álcoois solúveis em água são utilizados nos absorventes como solvente físico, porque dissolvem mercaptanos, dissulfureto de carbono e óxidos de carbono.

Nalguns casos, o carbonato de sódio (Na_2CO_3 ou K_2CO_3) é adicionado aos absorventes para purificar os gases.

No processo Rectizol, o metanol é utilizado como solvente orgânico [66]. No entanto, este método apresenta inconvenientes significativos, uma vez que o metanol é venenoso e altamente volátil.

No processo Purizol, Lurgi utilizou uma solução aquosa de N-metilpirrolidona como solvente físico. Esta amina é produzida através de uma síntese em várias etapas e é dispendiosa.

O absorvente convencionalmente designado por "Ecoamine"-diglicolamina foi utilizado com êxito na purificação de gases pela empresa "Flor". A solução de trabalho continha 65% de diglicolamina. A diglicolamina é também obtida por síntese em várias etapas e é dispendiosa. Apesar disso, existem 30 instalações em todo o mundo que utilizam a diglicolamina por ser inofensiva e amiga do ambiente.

Foi proposta uma série de absorventes VNIIUS-3,4,5 à base de N-dimetilpropilenodiamina em isopropilbenzeno com água (até 5%). Em alguns casos, a fração de butilbenzeno foi utilizada como solvente juntamente com dietanolamina.

A purificação por absorção MEA de gás com baixo teor de enxofre (0,3% vol.) foi estabelecida na fábrica de processamento de gás de

Mubarek, mas as questões de baixa energia e alta capacidade de absorção do processo não foram resolvidas.

Com uma capacidade de absorção relativamente elevada, o DHA tem uma elevada capacidade de corrosão e dissolve uma série de hidrocarbonetos. Os autores da empresa "NATCO" desenvolveram a purificação do gás natural de mercaptanos, sulfuretos, dissulfuretos e outros compostos de enxofre, bem como de sulfureto de hidrogénio e dióxido de carbono. Neste caso, foi utilizada a absorção de gases ácidos por soluções aquosas de aminas.

O investimento de capital para a extração em profundidade de dióxido de carbono do gás natural é 30% inferior aos custos operacionais e 60% inferior aos custos operacionais diretos do processo de purificação da monoetanolamina (MEA).

O CO_2, o H_2S e o COS foram extraídos de gases obtidos por oxidação incompleta e também de gás natural por absorção com uma solução de metildietanolamina. Neste caso, foi utilizada uma solução aquosa activada contendo 40-60% (em peso) de MDEA.

A empresa "BASF" desenvolveu um processo para a purificação por absorção do gás de síntese e dos gases naturais a partir do dióxido de carbono e do sulfureto de hidrogénio, utilizando uma solução aquosa de metildietanolamina, com a adição de uma pequena quantidade de outras aminas para aumentar a capacidade de absorção. O gás a ser purificado é introduzido na coluna de baixo para cima em contracorrente em relação ao solvente. Para uma eficiência de limpeza, são utilizados bocais em anel; o processo ocorre com uma mistura intensa de H_2S e CO_2, que são subsequentemente removidos facilmente da solução. O processo é caracterizado por um baixo consumo de energia; o solvente utilizado não é corrosivo ou tóxico.

A empresa "Shell" desenvolveu um processo de purificação de gás a partir de H_2S (eventualmente seletivo) a partir de gases contendo também CO_2; enriquecimento de matérias-primas de sulfureto de hidrogénio provenientes de instalações de produção de enxofre, integração com o processo SCOT mantendo as vantagens deste processo; remoção de H_2S, CO_2 e COS do gás de petróleo liquefeito (LPG) e do condensado de gás. O processo consiste na lavagem com uma solução aquosa de alcanolamina (metildietanolamina).

A empresa "Union Carbide" utiliza soluções inibidas de aminas como absorvente seletivo de H_2S e CO_2.

A empresa canadiana "Dome Petroleum" transferiu para o MDEA uma série de instalações de processamento de gás no país para a purificação de gases naturais ácidos, os mais selectivos para H_2S (até 0,4 mol/mole). O MDEA é menos corrosivo, resistente à decomposição e forma menos ativamente carbonatos com o dióxido de carbono. No entanto, com o uso prolongado, a sua viscosidade já significativa aumenta e o seu custo é significativamente mais elevado do que o de outros absorventes.

A empresa "Ellail Chemical" utiliza um compósito absorvente físico com o nome de código "Selexol" (uma mistura de éteres dimetílicos, trietilenoglicol-12, tetroetilenoglicol-24, pentaetilenoglicol-25, hexaetilenoglicol-19, heptaetilenoglicol 5% em peso). O Selexol pode ser utilizado durante 10 anos sem reduzir a capacidade de absorção, é biodegradável, não corrosivo, não tóxico e não provoca reacções adversas. A desvantagem deste absorvente é o facto de absorver propano e hidrocarbonetos mais pesados.

O sulfinol desenvolvido pela empresa "Shell Oil" consiste principalmente em dióxido de tetrahidrotiofeno $(CH_2)_4SO_2$ (64% de sulfinol), o segundo componente de diisopropanolamina (30%) e 6% de água, o custo do processo de purificação de sulfinol será 30% menor do que para a solução MEA de purificação de gás. No entanto, o trabalho do sulfinol será eficaz quando for aquecido, e a temperatura de regeneração da solução permanece bastante elevada.

Para reduzir o teor de humidade do gás purificado, muitas instalações de processamento de gás utilizam misturas de dietilenoglicol, água e monoetanolamina. A capacidade de absorção de H_2S e CO_2 pelo glicol é significativamente maior do que na água, e a perda de aminas com o gás purificado é reduzida.

Quando se trabalha com absorventes, é altamente indesejável a formação de subprodutos de gradação amínica durante a utilização repetida, que afectam a capacidade de absorção das soluções e as propriedades operacionais (formação de espuma, resistência à corrosão, desempenho do aparelho, tempo de contacto, etc.). A violação do modo de funcionamento das instalações pode levar a uma deterioração imediata da qualidade do gás comercial e à instalação de emergência da instalação.

O dióxido de carbono com MEA forma um sal de amina e ácido hidroxietiltiocarbâmico, cuja regeneração é de 40%. A acumulação de resinas numa solução de MEA é um processo autocatalítico e provoca a deterioração do desempenho do absorvente, aumentando as suas propriedades corrosivas.

O sulfureto de hidrogénio na superfície do metal leva à formação de ferro

sulfureto, que pode formar uma película protetora na superfície. A presença de CO_2 e H_2S no gás em condições de processo pode causar um efeito sanitário , ou seja, cada um destes componentes pode aumentar os efeitos corrosivos do outro [90].

Muitas vezes surgem problemas graves no terreno devido à formação de espuma na solução barbitada, devido a várias razões [90]:

- receção dos inibidores utilizados na produção de gás natural;
- decomposição de aminas;
- acumulação de produtos de reação em solução;
- presença de água de gota mineralizada no gás;
- hidrocarbonetos que entram no absorvedor.

Para eliminar a formação de espuma, são utilizados agentes antiespumantes:

- na prática estrangeira - DC antiphons A, sprastik, compound (EUA); antifron (RDA); Redosil-426R (França) à base de álcoois de elevado peso molecular ou de polímeros de organosilício;

- na prática russa - VNIPIGAZ-1, KE-10-12, KE-10-21, I-1-A, PMS-200.

Assim, foi dada uma atenção considerável ao DHA, o EA primário, que é tão ativo nas reacções de troca com o H_2S e o CO_2 como o MEA, mas apresenta uma atividade menos corrosiva. Por conseguinte, podem ser utilizadas soluções de DA altamente concentradas (50-65% em peso) em instalações industriais, levando a sua saturação a 0,40 mol de gás ácido/mol de DGA. A circulação da solução de trabalho é significativamente reduzida (em 25-40%) e, consequentemente, o consumo de vapor de água e eletricidade. No entanto, as soluções de DGA absorvem mais os hidrocarbonetos gasosos do que a MEA. COS e CS_2, isto deve-se à formação de subprodutos durante a sua interação. No entanto, a utilização de DHA é a base da tecnologia do processo Ecoapamin, que funciona em várias fábricas na Arábia Saudita.

O DIPA é também utilizado em várias instalações de tratamento de gases industriais. Tem uma basicidade ligeiramente inferior à do DEA e uma atividade corrosiva mínima. Isto torna possível utilizar soluções absorventes altamente concentradas (40-50%) e aumentar a sua saturação para 0,45 mol de gases ácidos/mol de DIPA. O DIPA tem uma certa seletividade na absorção de H_2S a partir de gases que contêm H_2S e CO_2, e é capaz de extrair uma quantidade apreciável de COS e CS_2. Para aumentar a capacidade de absorção do DIPA, é-lhe adicionado um solvente físico, o sulfolano. O absorvente composto resultante contém DIPA, sulfolano e água. A utilização de tal absorvente misto permite o processo industrial eficaz de Sulfinol de purificação de gás natural com uma extração mais profunda de H_2S, CO_2, COS, CS_2, RSH e R_2S. O consumo de vapor de água neste processo é 2-2,5 vezes menor do que quando se utiliza MEA. Os investimentos de capital são 1,3 vezes menores com o mesmo esquema tecnológico de uma planta industrial.

A MDEA apresenta a menor basicidade (alcalinidade) entre todos os EAs, semelhante à TEA, e não é capaz de formar carbamatos, o que torna possível a separação selectiva de H_2S do gás natural.

É também de salientar a maior facilidade de dessorção do CO_2 de um absorvente saturado; quando a pressão parcial de CO_2 no gás diminui de 1 para 0,2 MPa, este é libertado da solução de MDEA quase duas vezes mais do que da solução de DEA. Na purificação de gás com baixo teor de enxofre, devido à seletividade da MDEA, foi possível aumentar a potência da unidade de purificação em 1,35 vezes ao substituir a DEA pela MDEA.

Nos casos em que é necessária a extração simultânea de H_2S e CO_2, a capacidade de absorção da MDEA é aumentada através da introdução de aditivos activadores, como a DEA ou a MEA. O grau de extração de CO_2 com absorção quase completa de H_2S por um tal absorvente misto (ou composto) pode ser regulado alterando a concentração de MDEA e DEA adicionada. A atividade de corrosão de um absorvente com uma concentração total de EA até 50% em peso não é, em regra, superior à de uma solução aquosa de DEA a 25-30%, mas depende da relação MDEA/DEA e das condições de absorção. A tecnologia do processo de purificação de gás com um absorvente misto não difere da DEA utilizada anteriormente, e a sua eficiência é maior.

Para aprofundar a purificação do gás natural a partir de H_2S, CO_2, COS, CS_2. RSH, R_2S, na prática mundial, começou-se a utilizar não só misturas de EA, mas também misturas de EA com absorventes físicos, como o já referido Sulfinol (DIPA + sulfolano), bem como éteres de polietilenoglicol. Dependendo do EA utilizado (DEA secundário ou

MDEA terciário), os absorventes físico-químicos dividem-se em absorventes selectivos, por . "№ Ucasol 701" ou não selectivos, por exemplo, "Ucasol 702".

Os ensaios do absorvente do tipo "Ucasol 702" demonstraram a eficácia da purificação simultânea do gás a partir de H_2S (até 10 mg/m^3), CO2 (até 0,03% vol.) e RSH (até 50% do seu teor inicial de 300-500 mg/m^3). Se apenas o H_2S e o CO_2 forem extraídos do gás, a taxa de circulação do referido absorvente pode ser reduzida para 0,4-0,5 l/m^3 sem deteriorar a qualidade do gás purificado, reduzindo simultaneamente o consumo de vapor de água para regenerar a solução saturada em 1,5 vezes e o consumo de eletricidade para bombear a solução em 2 vezes.

Os processos de dessulfuração da monoetanolamina (MEA) e da dietanolamina (DEA) são de grande interesse para aplicações industriais. As unidades destes processos podem ser operadas numa vasta gama de cargas, concentrações de componentes ácidos e pressões e, na maioria dos casos, proporcionam uma purificação fina do sulfureto de hidrogénio. A principal desvantagem dos processos é a capacidade de absorção relativamente baixa dos absorventes, geralmente determinada não por condições de equilíbrio, mas por limitações de corrosão. Esta desvantagem conduz por vezes a um aumento dos custos energéticos.

A absorção de monoetanolamina é um dos processos mais comuns de extração de H_2S e CO_2 do gás natural. Este processo devido à maior capacidade de absorção da MEA em comparação com

O processo não é seletivo; simultaneamente com o H(2)S, o CO(2) também é absorvido do gás. O processo não é seletivo; simultaneamente com o H_2S, o CO_2 é também absorvido do gás.

Quando a temperatura aumenta para 100-130°C, o equilíbrio desloca-se para a esquerda e forma-se H_2S gasoso (fase de dessorção). A absorção do sulfureto de hidrogénio ocorre com a libertação de calor por 1 kg: são libertadas cerca de 300 kcal de H_2S absorvido.

Assim, para alcançar a eficiência do processo de quimissorção para limpar os gases naturais de componentes agressivos, é necessário desenvolver uma composição qualitativa e quantitativa óptima de absorventes, que permita aumentar a produtividade das unidades de dessorção por absorção na fábrica de processamento de gás.

Nos países em que a produção e o processamento de gases naturais com componentes agressivos estão desenvolvidos, foram desenvolvidas e estão a funcionar instalações de processamento de gás, que incluem principalmente ciclos tecnológicos de processos de purificação. Estes ciclos baseiam-se em processos de quimisorção: - os componentes ácidos do gás natural são sorvidos em absorventes. As instalações incluem absorvedores e dessorvedores, bem como accionamentos para aquecimento e arrefecimento das substâncias principais (gás purificado, solução de absorção, etc.).

A Exxon Research and Engineering oferece o processo de absorção Flexorb, que remove seletivamente o sulfureto de hidrogénio ou um grupo de gases ácidos - H2S, CO2, COS, CS2 e mercaptanos de vários fluxos de gás.

A Exxon Research and Engineering oferece o processo de absorção Flexorb, que remove seletivamente o sulfureto de hidrogénio ou um grupo de gases ácidos - H_2S, CO_2, COS, CS_2 e mercaptanos de vários fluxos de gás.

Flexsorb PS - contém uma amina impedida, água e um solvente físico. O solvente Flexsorb PS permite-lhe purificar gases até concentrações residuais: H_2S < 0,09 g/m^3; $CO_{(2)}$<50 ml/m^3; CO e CS_2 <1 ml/m^3, o grau de remoção de mercaptano excede 95%.

O processo baseia-se no esquema tradicional de purificação por absorção de aminas, segundo o qual o gás a purificar entra no absorvedor (1), o solvente usado que sai do fundo do absorvedor é aquecido e enviado para o regenerador (2), podendo o fornecimento de calor ao regenerador ser efectuado utilizando qualquer método de aquecimento local. O solvente regenerado, após um arrefecimento preliminar por troca de calor com o fluxo de absorvente usado e um arrefecimento adicional em frigoríficos, é novamente enviado para o absorvedor (1) [107].

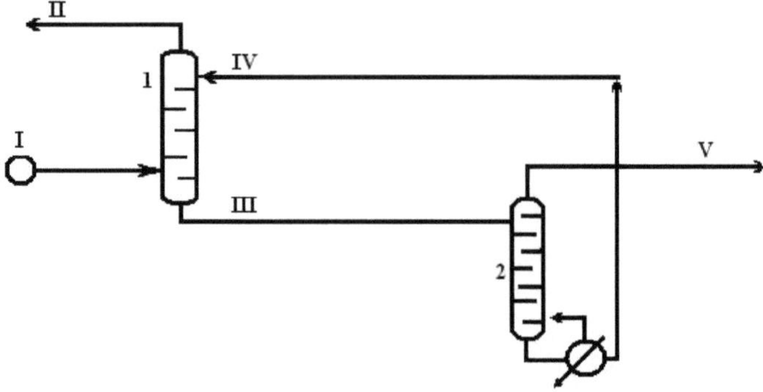

I - gás bruto; II - gás purificado; III - absorvente gasto; IV - absorvente regenerado; V - gás ácido para a instalação Claus; 1 - absorvedor; 2 - regenerador.

Figura 1.3.1. Esquema do processo de absorção de solventes Flexsorb

A empresa Natco desenvolveu uma tecnologia para purificar o gás natural de componentes ácidos com o processo optizol, em que o gás natural é purificado de mercaptanos, sulfuretos, dissulfuretos e outros compostos de enxofre, bem como de sulfureto de hidrogénio e dióxido de carbono.

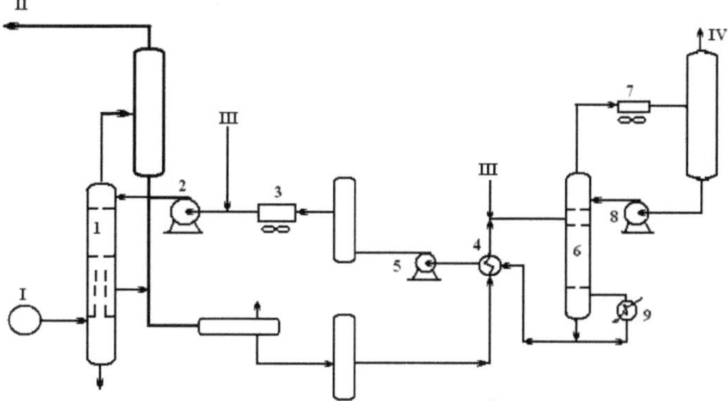

I - gás de origem; II - gás purificado; III - antiespumante; IV - gás ácido; 1-absorvedor; 2- bomba de alimentação de solvente; 3 - refrigerador de solução de amina; 4- permutador de calor para soluções de amina saturadas e magras; 5- bomba auxiliar; 6- regenerador de solução de amina; 7- condensador de refluxo; 8- bomba de alimentação de refluxo; 9-rebulhador para coluna de regeneração de solução de amina.

Fig. 1.3.2. Esquema do processo Optisol:

O solvente remove as impurezas por absorção no absorvedor (1). O processo

ocorre à mesma pressão que na linha de fornecimento de gás, bem como à temperatura ambiente. A regeneração do solvente é efectuada no aparelho 6 a baixa pressão e a uma temperatura elevada. Neste caso, o total de enxofre nos gases de escape não é superior a 0,002%.

A Shell Development e a Shell International Research desenvolveram o processo Salfinol para a purificação do gás natural. A instalação de salfanol pode ser utilizada para a purificação primária de gás, bem como para a purificação de gases residuais do processo Claus. A composição do absorvente utilizado está atualmente a ser optimizada de modo a aumentar a sua seletividade em relação ao H_2S para a extração de CO_2 dos gases.

O absorvente contém alcanolamina, água e um componente orgânico inerte - dióxido de tetrahidrotiofeno, que tem o nome comercial de Sulfolane. O componente principal é a amina, e a proporção de água para salfoleína varia consoante o objetivo do processo.

Durante o processo, são observadas baixas taxas de corrosão do equipamento e praticamente nenhuma formação de espuma.

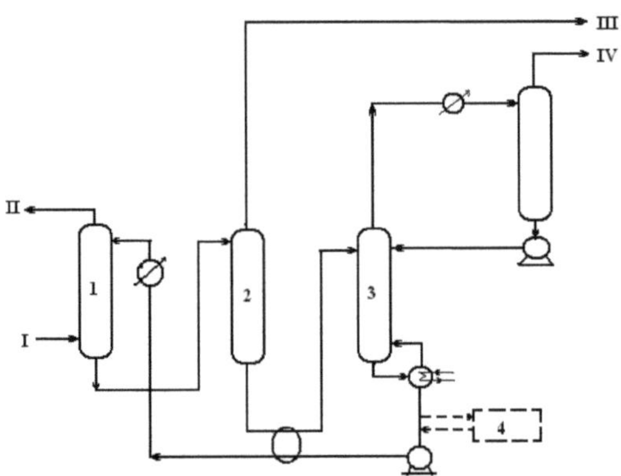

I - gás (matéria-prima); II - gás purificado; III - gás combustível; IV - gás ácido

Fig. 1.3.3. Esquema do processo Salfinol:

O fluxograma tecnológico do processo é semelhante aos fluxogramas de outros processos de purificação de gases que utilizam soluções de aminas. Na coluna de absorção (1), em vez dos componentes ácidos, os hidrocarbonetos são destilados na coluna de despoeiramento (2) e o seu produto é utilizado como gás combustível. O gás ácido é separado na coluna (3).

O processo pode ser efectuado numa vasta gama de pressões de funcionamento e de concentrações de impurezas ácidas no gás.

A depuração do gás dos componentes orgânicos que contêm enxofre é geralmente efectuada por circulação da solução. A instalação permite obter gás liquefeito contendo menos de 0,005% de CO_2.

A empresa Norton recomenda o processo de absorção Selexol para a purificação do gás natural dos componentes ácidos. Extração de sulfureto de hidrogénio, dióxido de carbono, hidrocarbonetos, mercaptanos, etc. dos gases por absorção física.

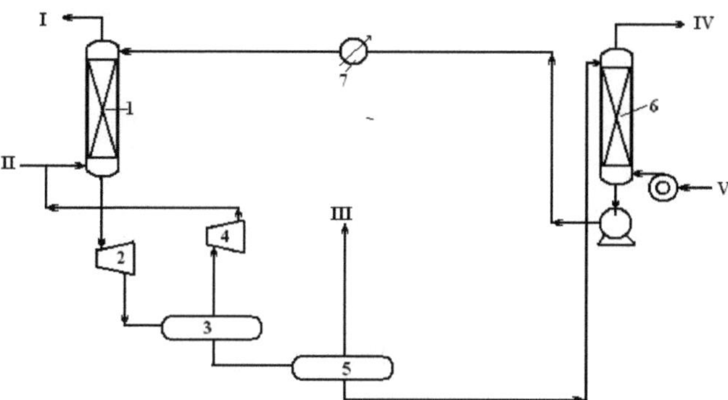

I - matérias-primas, gás ácido; II - gás purificado; III - gás seco; IV - gás de escape; V - ar ou gás inerte

Fig. 1.3.4. Diagrama do processo Selexol

O gás de origem entra no absorvedor (1) à temperatura ambiente ou com um arrefecimento moderado. O absorvente saturado sai do fundo do absorvedor e entra na turbina de recuperação (2), e depois no separador 3 para libertar o gás recirculado. Este é pressurizado no compressor (4) e regressa ao absorvedor. Uma nova diminuição da pressão do absorvente ocorre no evaporador 5, onde o gás de escape é libertado. Nalguns casos, o solvente semi-regenerado é alimentado a partir do evaporador (5) para a coluna de stripping (6). O solvente regenerado do processo é arrefecido num aparelho (7) e novamente introduzido no absorvente (1).

Para efetuar a absorção física, utiliza-se o éter dimetílico de polietilenoglicol (solvente Selexol).

O grau de absorção é determinado pela pressão parcial dos componentes absorvidos e pela sua solubilidade relativa. O processo é caracterizado por uma elevada taxa de utilização do equipamento com alterações significativas nas condições de funcionamento [110].

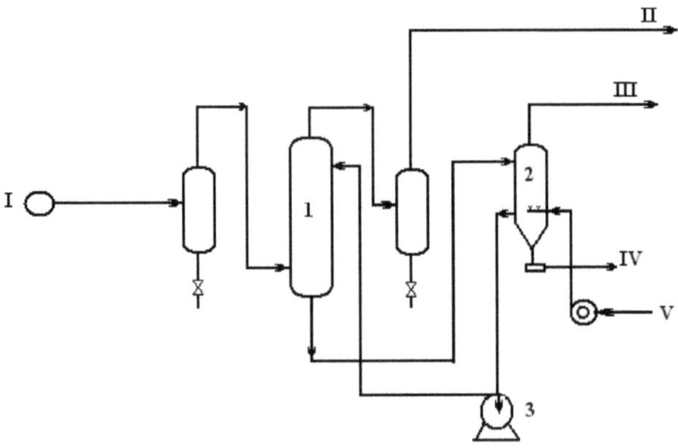

I - da linha de alimentação de gás sob pressão; II - gás purificado; III - descarga de ar de exaustão; IV - aparelho de suspensão e fusão de enxofre, centrífuga e armazenamento; V- ar;

Figura 1.3.5. Diagrama de processo de baixo teor de gordura (Lo-Cat):

O gás ácido está em contacto, no absorvedor (1), com uma solução aquosa circulante de Lo-Cat, que absorve o sulfureto de hidrogénio; esta solução regenerada contém ferro que, ao oxidar-se, liberta enxofre elementar. A solução tem uma reação neutra ou ligeiramente alcalina, o que contribui para uma insolubilidade quase total na água. Os quelatos orgânicos coordenam-se com o ferro para formar complexos metálicos solúveis em água. O ferro é reduzido a uma valência baixa. A solução é regenerada por sopro de ar sob pressão atmosférica ou ligeiramente aumentada no aparelho (2). O absorvedor é um aparelho de contacto completamente cheio de líquido. Consoante a pressão do gás e o teor de sulfureto de hidrogénio e de dióxido de carbono, podem também ser utilizados depuradores Venturi, colunas compactadas ou combinadas, misturadores estáticos, dispositivos equipados com bicos de pulverização ou dispositivos com leitos móveis.

A empresa PETON realizou uma reconstrução para substituir os dispositivos de contacto (placas de peneira) por um bocal PETON no absorvedor e dessorvedor em duas linhas de processo.

Uma caraterística da dessulfuração do gás de absorção nesta instalação é a alta temperatura do gás até 40°C proveniente do campo a uma pressão de 50-80 kg/cm^2 e a alta temperatura do absorvente 40-70°C.

O teor de CO_2-2,8%, H_2S-0,2% no gás de origem, e as caraterísticas acima referidas não permitiram atingir uma produtividade de 2,5 mil milhões de nm^3/ano.

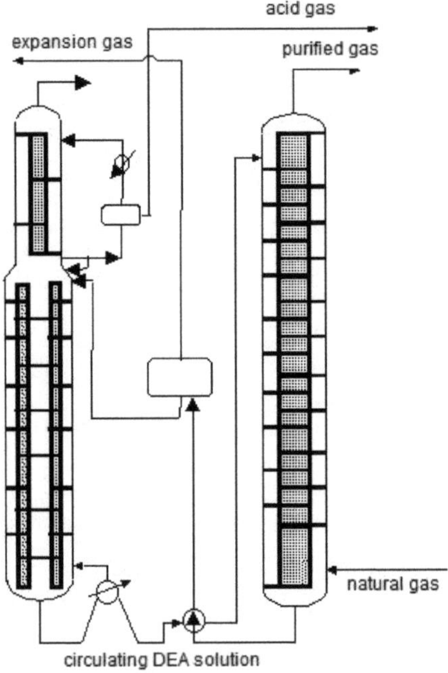

Fig. 1.3.6. A tecnologia de purificação de gás natural com aminas de componentes ácidos da empresa Peton, dominada no campo do Turquemenistão.

Como resultado, obteve-se o seguinte:

- Aumento da produtividade da instalação em 25%
- Redução do consumo de amina fornecida ao absorvedor em 10%

- O teor de H_2S no gás purificado não é superior a 5 mg/nm3 e o teor de CO_2 não é superior a 40 mg/nm^3.

- Redução do consumo de calor no dessorvedor em 10%, reduzindo a temperatura do refrigerante de 170°C para 150°C;

- A purificação de gás de H_2S e CO_2 de acordo com as normas ocorre a temperaturas de amina até 70°C;

- A instalação funciona de forma estável em diferentes condições tecnológicas, os parâmetros técnicos e tecnológicos são normais.

Na fábrica de processamento de gás de Orenburg, o processo de purificação do gás de amina é efectuado em duas "meias roscas" a uma pressão de 55 atm. utilizando uma solução aquosa de amina como absorvente. A capacidade projectada é de 5 mil milhões de nm^3 de gás por ano. O processo foi concebido para o processamento de gás do campo de Orenburg com um teor de H2S até 1,64% vol. e de CO_2 até 0,9% vol. após receção de gás purificado com um teor de H_2S de pelo menos 20 mg/m3. O teor de CO_2 não está regulamentado e é superior a 200-400 mg/m^3. A solução de amina de trabalho na instalação é uma solução que contém 9-10% de DEA e 13-15% de MDEA.

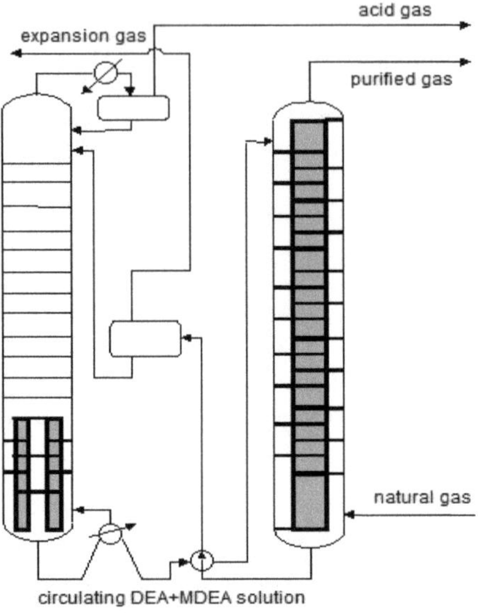

Fig.1.3.7. A tecnologia de purificação de amina do gás natural a partir de componentes ácidos da empresa "TECHNIP", dominada na fábrica de processamento de gás de Orenburg (Rússia)

Do que precede resulta que os principais processos de purificação dos gases naturais a partir de componentes ácidos, tanto na República do Usbequistão como no estrangeiro, são processos de absorção e dessorção que utilizam soluções aquosas de aminas como absorventes. Ao contrário das aminas, os absorventes físicos (éter dimetílico, polietilenoglicol e sulfolano em mistura com diisopropanolamina) absorvem mercaptanos e outros compostos organossulfurados e têm seletividade para o sulfureto de hidrogénio. A desvantagem destes absorventes é a complexidade da tecnologia para a sua produção e o seu elevado custo. Neste caso, são utilizadas várias instalações tecnológicas , onde se resolvem questões de intensificação do processo de purificação do gás, ajustando as propriedades da solução de trabalho, melhorando o processo de transferência de massa através da alteração dos parâmetros de absorção para conseguir a otimização do processo como um todo, etc.

Com base numa revisão da literatura, podemos dizer que a purificação por absorção de gases a partir de H_2S, CO_2 e outras impurezas é um processo insuficientemente estudado para aumentar a basicidade dos absorventes, a purificação e as caraterísticas do processo de regeneração da solução de trabalho. A este respeito, com base num estudo analítico dos processos conhecidos, foram identificadas as principais direcções da nossa investigação futura:

- criação de uma tecnologia para a obtenção de um ativador de etanolamina;

- obtenção de absorventes compostos;

- desenvolvimento de tecnologia para o processo de purificação de gases com absorventes compósitos;

- procura de meios para intensificar o processo de purificação do gás natural, optimizando e regulando as propriedades da solução de absorção;

- ensaios industriais-piloto da tecnologia desenvolvida;

- estabelecer a eficácia da investigação e desenvolvimento em curso.

CAPÍTULO II. PROPRIEDADES COLOIDAIS E QUÍMICAS SISTEMA DISPERSO ABSORVENTE-COMPONENTES ÁCIDOS-GÁS NATURAL

As tecnologias amplamente utilizadas para purificar o gás natural dos seus componentes ácidos (H_2S e CO_2) baseiam-se no processo de absorção-dessorção numa solução a 40% de etanolaminas. A capacidade de absorção dos gases ácidos não é superior a 0,4-0,45 mol/mol, em condições adequadas de purificação do gás. Ao mesmo tempo, é praticado para aumentar a eficiência das instalações de purificação de gás amina [16,123]:

- melhorando a tecnologia e o equipamento da instalação;
- utilização de absorventes mais eficazes;
- regulação óptima dos parâmetros do processo de absorção-dessorção em modo dinâmico;
- criar uma composição absorvente com indicadores elevados (pH, condutividade eléctrica, capacidade de absorção, etc.).

A natureza multifatorial da tecnologia em consideração deve-se ao facto de o processo ocorrer em condições difíceis num sistema disperso gás-líquido [117]. Durante a purificação por absorção do gás natural, a fase dispersa e o meio disperso da solução amónica são solvatados em contacto altamente difusivo com a pressão parcial adequada. No meio em contacto, ocorre a quimisorção de gases ácidos, formando-se um sal de amina quaternária de etanolamina com sulfureto de hidrogénio.

$$(\mathrm{HOCH_2CH_2})_2\mathrm{NH} + H_2S = [(\mathrm{HOCH_2CH_2})_2 \cdot \mathrm{NH_2}]^+ \cdot \mathrm{HS}^-$$

Várias bases orgânicas da série das etanolaminas e outras aminas têm diferentes basicidades e propriedades físico-químicas, que em soluções aquosas formam dispersões coloidais com diferentes propriedades químicas coloidais (Quadro 3.1.).

O quadro 2.1 mostra que as constantes de dissociação decrescentes da série em causa correspondem, em certa medida, às suas propriedades físico-químicas e indicam a sua solubilidade em água. Com constantes de dissociação adequadas, as etanolaminas em soluções aquosas são caraterísticas de uma dispersão coloidal e exibem as propriedades de uma base orgânica.

Tabela 2.1.

Propriedades físico-químicas das aminas

Fórmula	**Nome**	**T_b, $^{(0)}C$**	**T_h, $^{(0)}C$**	**Densidade d_4^{20}**	***K a $25^{(0)}C$**
$HOCH_2CH_2NH_2$	Monoetanolamina	10.5	172.2	1.0180	3.63^x10^{-7}
$(HOCH_2CH_2)_2NH$	Dietanolamina	18.0	268	1.0966	1.32^x10^{-9}
$(HOCH_2CH_2)_3N$	Trietanolamina	21.2	279	1.1242	1.70^x10^{-9}
$HOCH_2CH_2N(CH_3)_2$	Dimetiletanolamina	-	235	0.9866	1.66^x10^{-8}

$(HOCH_2CH_2)_2NCH_3$	Metildietanolamina	3.5	198	1.1090	1.50×10^{-7}
$NH_2(CH_2)_6NH_2$	Hexametilenodiamina	31.7	-	1.0860	2.1×10^{-7}
$(CH_2)_6N_4$	Hexametilenotetramina	Subln. 230	Rslv. 280	1.2640	-

*K - constante de dissociação em água a 25^0C

Os parâmetros químicos coloidais das soluções das aminas especificadas na tabela 2.2. são analisados para as suas soluções aquosas a 25%, ou seja, a sua concentração aceitável para utilização como solução de absorção de gases ácidos. Como se pode ver pelos dados da tabela, todos os parâmetros dados são totalmente aceitáveis para o processo de limpeza do gás natural de componentes ácidos.

Tabela 2.2.

Propriedades químico-coloidais de soluções aquosas de aminas

Nome das aminas	Soluções aquosas a 25%			
	Viscosidade, (η) cP	Tensão superficial (δ) dine/cm	Alturas espuma (h) cm	Tempo Vida útil da espuma (τ), seg.
Monoetanolamina	3.75	69.46	3.0-3.5	29

Dietanolamina	3.62	68.86	2.0-2.2	21
Trietanolamina	7.20	64.73	2.5-3.5	30
Dimetiletanolamina	4.60	67.47	2.5-3.0	32
Metildietanolamina	3.49	68.92	1.7-2.0	21
Hexametilenodiamina	3.10	68.12	1.8-2.2	20
Hexametilenotetramina	2.71	71.27	1.2-1.6	18

Apesar disso, as soluções de etanolaminas mistas, metildietanolamina e dimetiletanolamina, são mais móveis e apresentam uma seletividade mais pronunciada (88%) para o sulfureto de hidrogénio. Isto indica a conveniência de selecionar componentes de alta qualidade e de desenvolver a sua composição quantitativa eficaz. Os critérios de seleção dos componentes de uma solução de absorção podem ser a basicidade das aminas e o seu pH da solução aquosa, e os critérios de composição quantitativa podem ser os indicadores químicos coloidais da solução e a sua capacidade de absorção de gases ácidos. A composição qualitativa da composição absorvente a partir das aminas acima referidas foi desenvolvida tendo em conta a obtenção de valores de pH elevados e a sua basicidade. Com esta escolha de composição absorvente, foi também utilizado um oligómero de óxido de etileno com dietanolamina, altamente solúvel em água e álcoois. Para regular as propriedades das soluções de absorção de gases ácidos, podem utilizar-se composições monomoleculares ou polimoleculares com diferentes concentrações das suas soluções. As composições monomoleculares incluem soluções combinadas de etanolaminas com hexametilenodiamina ou outras aminas [124,125]. Além disso, os absorventes polimoleculares combinados com etanolaminas devem também ter uma basicidade aceitável para a presença de hidrogénio nos grupos funcionais das aminas e um pH elevado (não inferior a 9) das suas soluções.

De acordo com a estabilidade térmica dos absorventes oligoméricos polifuncionais (HMTA), a sua utilização como absorventes está associada à sua menor volatilidade durante a dessorção do sulfureto de hidrogénio. As desvantagens dos absorventes oligoméricos são a sua sinterização e a formação de resina como resultado de uma diminuição da capacidade de absorção de gases ácidos. Por conseguinte, a adição às soluções de absorção de dietanolamina não deve exceder 5% em peso de oligómeros catiónicos activos, o que permite reduzir a perda de absorvente em condições de fluxo turbulento elevado do gás natural purificado.

A vantagem deste absorvente é que se combina bem com as soluções de etanolamina e intervém na regulação de vários parâmetros da solução de absorção (gravidade específica, viscosidade, pH, etc.).

A este respeito, a composição efectiva proposta para os absorventes compósitos

consiste em:

Dietanolamina	-20 %

Metildietanolamina	-20 %

HMTA	-5 %
Água	-75%

HMTA	-5 %
Água	-75%

As composições dadas de absorventes foram utilizadas no estudo da purificação por absorção-dessorção de gás natural a partir de gases ácidos (H_2S e CO_2):

Como se pode ver nas curvas de dependência (Fig. 3.1. e 3.2.), as taxas de quimisorção e dessorção de gases ácidos com o absorvente compósito proposto são mais elevadas e moderadas do que com DEA ou MDEA.

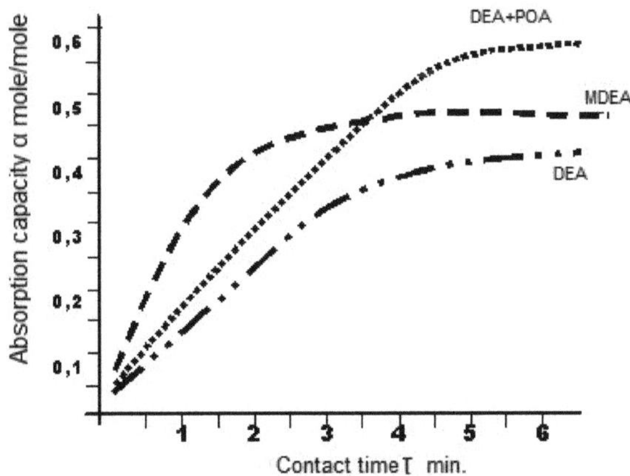

Fig.2.1. Dependência da capacidade de absorção do adsorvente em função do tempo de contacto com o gás de limpeza.

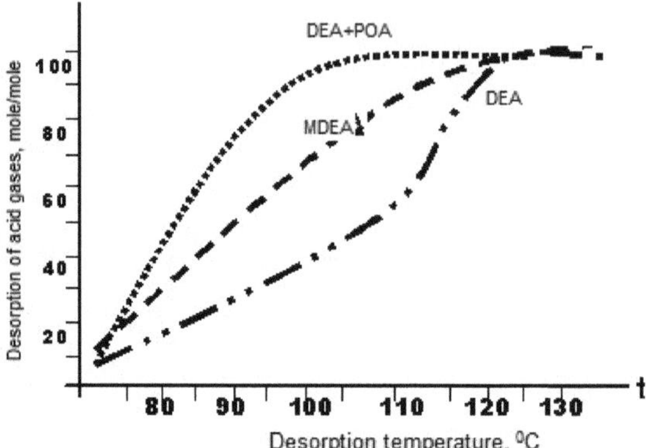

Fig.2.2. Dependência da temperatura de dessorção de gases ácidos (H_2S+CO_2) de soluções saturadas com os mesmos

Com a proposta de uma composição quantitativa de maior qualidade e mais eficaz da composição da solução de absorção, conseguiu-se um aumento comparativo da sua capacidade de absorção; até 0,55 mol/mole e um aumento da seletividade para 96-98% para componentes ácidos do gás natural.

Assim, os estudos cinéticos de formação de sais (absorção de gases ácidos da solução de trabalho) são bastante coerentes com os mecanismos de ativação das etanolaminas, que se manifestam por indicadores relativamente melhores da sua sorção de gases ácidos, como mostra o exemplo do H_2S.

2.1. Métodos de análise da composição das etanolaminas

O gás natural purificado é submetido a um **estudo cromatográfico** para determinar o seu grau de pureza em relação ao metano e ao etano. Foi utilizada uma pomada de trietileno etileno para o exame cromatográfico.

Os espectros de IV foram registados num aparelho "Speccord-75 IR". Os espectros de IV de amostras líquidas de um absorvente composto (DEA (20%) + HMTA (5%)) foram obtidos sob a forma de uma película fina entre duas placas de KBr, e as sólidas - em placas prensadas com KBr, para determinar as suas relações intermoleculares que contribuem para as alterações das suas propriedades.

As determinações quantitativas dos componentes do processo em estudo foram efectuadas utilizando o método padrão bem conhecido:

- Teor de DEA de acordo com TU 6-09-2652-86 (condições técnicas);

- Conteúdo da HMTA de acordo com a norma SS 1281-73.

Esta norma especifica métodos para determinar:

Sulfureto de hidrogénio:

1. Iodométrico - a uma concentração de sulfureto de hidrogénio igual ou superior a 0,010 g/m^3.

2. Fotocolorométrico - a uma concentração de sulfureto de hidrogénio não superior a 0,025 g/m^3, enxofre mercaptano:

3. Iodométrico - quando a concentração de mercaptano de enxofre é superior a 0,010 g/m^3.

4. Potenciométrico - a uma concentração de enxofre mercaptano não superior a 0,050 g/m^3.

O método consiste na absorção do sulfureto de hidrogénio dos gases em soluções ácidas de acetato de cádmio ou de cloreto de cádmio e na sua posterior titulação iodométrica.

As amostras de gás natural são recolhidas de acordo com a norma SS 18917-82 diretamente da conduta de gás. A temperatura e a pressão barométrica são registadas e as leituras do contador de gás são registadas.

No final da passagem do gás, os frascos de absorção foram transferidos quantitativamente para um erlenmeyer, lavando cuidadosamente as paredes com água destilada. Verter 10 cm^3 de solução de iodo para o frasco com uma pipeta e confirmar o excesso de iodo pela cor castanha da solução, titulando em seguida o excesso de iodo com uma solução de tiossulfato de sódio até à cor amarela clara, na presença de 1 cm3 de solução de amido e continuando a titular até ao desaparecimento da cor azul.

A concentração mássica de sulfureto de hidrogénio (X) em g/m^3 foi calculada utilizando a fórmula: $X = \frac{(V - V_1) \bullet C \bullet 17}{V_2}$

Em que: Solução **titulada** de tiossulfato de sódio **V**, consumida para a titulação do

solução de absorção sem passagem de gás, (***cm³***);

V₁-volume de solução titulada de tiossulfato de sódio consumido para a titulação da solução de absorção após a passagem do gás de ensaio, (***cm³***);

C-concentração da solução titulada de tiossulfato de sódio, (***mol/dm³***);

17-massa de sulfureto de hidrogénio correspondente a 1 cm^3 de uma solução titulada de tiossulfato de sódio com uma concentração de exatamente 1 $mole/dm^3$, (mg);

V(2)- o volume do gás de ensaio, medido por um medidor de gás e reduzido a 20°C e 101,325 kPa, (***dm³***).

A fração volumétrica de sulfureto de hidrogénio no gás de ensaio [X_1], expressa em percentagem, é calculada pela fórmula

$$X_1 = \frac{(V - V_1) \bullet C \bullet 11{,}88 \bullet 100}{V_2 \bullet 1000}$$

Onde; **V** - volume de solução titulada de tiossulfato de sódio consumido para titular a solução de absorção sem passagem de gás, (***cm³***);

V_1-volume de solução titulada de tiossulfato de sódio consumido para a titulação da solução de absorção após a passagem do gás de ensaio (***cm³***);

C-concentração de uma solução titulada de tiossulfato de sódio, (***mole/dm³***);

11,88 - o volume de sulfureto de hidrogénio correspondente a 1 cm^3 de uma solução titulada de tiossulfato de sódio com uma concentração de exatamente 1 $mole/dm^3$, (***cm³***;

V_2-o volume do gás de ensaio medido por um contador de gás e soldado a 20°C, 101,325 kPa, (***dm³***);

Quando se efectuam duas medições, a média aritmética de duas determinações consecutivas é considerada como o resultado do ensaio, não devendo a discrepância entre elas exceder os valores especificados no quadro 2.2.1.

Quadro 2.2.1.

№.	Concentrações de sulfureto de hidrogénio	Diferenças admissíveis entre definições sucessivas, g/m^3.
1.	não mais do que 0,020	0.002
2.	hs. 0,020 a 0,050	0.005
3.	hs. 0,050 a 0,100	0.010
4.	hs. 0,100 a 0,200	0.015

A determinação do sulfureto de hidrogénio até uma concentração de 30% foi efectuada como indicado no ponto 1, mas o fluxo de gás através dos frascos de absorção foi regulado a uma velocidade não superior a 20 dm^3/h. Os volumes das amostras de gás em função da concentração de sulfureto de hidrogénio e as diferenças admissíveis entre determinações sucessivas são indicados no quadro 2.2.2.

Tabela. 2.2.2.

Sulfureto de hidrogénio concentração g/m^3	Amostra de gás volume dm^3	Diferenças admissíveis entre determinações sucessivas, g/m$^{(3}$
hs. 0,2 a 25	hs. 10 a 20	0.03
hs. 25 a 50	hs. 5 a 10	0.10
hs. 50 a 60	não mais de 1,5	0.30

Método de determinação do CO_2 como teor total de gás ácido numa solução de alcanolamina e teor de sais estáveis ao calor. Esta análise fornece um método simples e relativamente exato para determinar a quantidade de gases ácidos em soluções de aminas. As amostras devem ser selecionadas cuidadosamente, uma vez que os gases ácidos podem perder-se durante o processo de amostragem, especialmente em amostras de soluções saturadas.

Os recipientes das amostras (que devem ser de vidro ou, de preferência, de polietileno; se se utilizar metal, o H_2S reagirá com ele) devem ser mantidos fechados (tapados) para evitar o aumento de pressão devido à evolução do gás. Este método não é aplicável a soluções que contenham carbonato de sódio livre. Os sais de amina termoestáveis foram determinados por medição e modificação destas técnicas [83, 84].

Cálculo da % em peso de gases ácidos:

1. Solução regenerada: % de gás ácido em $\left[CO_2 = \frac{V_1}{W_1} - \frac{V_3}{W_3}\right]$ N x 4,4

2. Solução saturada: % de gás ácido em $\left[CO_2 = \frac{V_2}{W_2} - \frac{V_3}{W_3}\right]$ N x 4,4

Onde: V_1 - ml de KOH utilizados para a titulação da solução regenerada.

V_2 - mg de KOH utilizados para a titulação da solução saturada.

V_3 - mg de KOH gastos na titulação da amostra de controlo.

N - a normalidade da solução padrão de KOH.

W_1 - peso da amostra de solução regenerada.

W_2 - é o peso da amostra de solução saturada.

W_3 - é o peso da amostra da solução de controlo.

$$X = V \bullet 0,0701 \bullet 100 / m$$

em que V - o volume de uma solução exacta de ácido clorídrico 0,5 N utilizada para a titulação da amostra analisada, ml;

0,0701 - quantidade de hexamina correspondente a 1 cm^3 de solução exacta de ácido clorídrico 0,5 N, g;

m - porção pesada da urotropina analisada, g.

A média aritmética de três determinações paralelas é considerada como o resultado da análise. O desvio admissível em relação ao valor médio do resultado é de 15%.

A fração mássica de água foi determinada por titulação electrométrica de acordo com a norma SS 14870-77.

Determinação da capacidade de formação de espuma das soluções de aminas. Quando as soluções absorventes são contaminadas por certas impurezas orgânicas e sólidos em suspensão, têm tendência a formar espuma. Esta tendência é medida qualitativamente através da medição da altura da coluna de espuma que se forma e do tempo necessário para que esta se desfaça até ao aparecimento de uma superfície líquida.

Dispositivos: proveta graduada com uma capacidade de 1000 ml, tubo de vidro com uma placa borbulhante de poros largos, contador, fonte de ar e cronómetro.

Progresso da análise: 1. Lavar o tubo de barbotina e o material de vidro com isopropanol e secar cuidadosamente.

2. Verter 200 ml da solução de ensaio para uma proveta de 1000 ml.

3. Ajustar o caudal de ar (cerca de 4 l/min) através do tubo de bolhas de modo a manter um nível estável durante 5 minutos.

Tratamento estatístico dos resultados. A fim de avaliar a exatidão dos

dados experimentais obtidos, procedeu-se ao tratamento estatístico, que consiste em calcular o valor médio aritmético do indicador de composição (C), o erro quadrático médio (S^2), o erro padrão (σ) e o coeficiente de variação (V), de acordo com as seguintes equações

2.2. Desenvolvimento de parâmetros tecnológicos para o processo de obtenção de absorventes compósitos.

Tendo em conta a enorme importância do HMTA como intermediário para várias sínteses, a produção de polímeros, inibidores de corrosão, preparações médicas, modificadores das propriedades dos absorventes, desemulsificantes, plastificantes, etc. interessados, a tarefa é organizar um local de produção piloto para a sua produção. A produção de GMTA pode ser dominada pela Associação de Produção Navoi Azot, desenvolvida pelo TICT e utilizada nas empresas da USE Shurtanneftegaz para modificar as propriedades da solução de absorção de componentes ácidos do gás natural, bem como um inibidor de corrosão.

O HMTA obtido com base na reação de soluções de 25% de NH_4OnH_2O e 37% de CH_2OnH_2O produzidas pela Associação de Produção Navoi Azot deve cumprir os seguintes requisitos

Fórmula empírica: C6H12 N4

Fórmula estrutural:

CH_2 N CH_2 N CH_2 N CH_2 CH_2 CH_2 N

$6C = 6 \times 12{,}01 = 72{,}06 - 51{,}4\%$ $\quad 4N = 4 \times 14{,}05 = 56{,}10 - 40{,}0\%$

$12H = 12 \times 1{,}01 = 12{,}01 - 8{,}6\%$ $\quad C_6H_{12}N_4 = 140.17 - 100\%$

Peso molecular 140,17; $d^{20}_{нacun} = 910 kg/m^3$; $\delta^{20}_{0,5\%} = 64{,}8 n/m$

Cristais incolores, higroscópicos, sublimes com decomposição a uma temperatura de 230-270°C, solúveis em água e álcool.

As condições da tecnologia HMTA e da sua instalação correspondem ao diagrama de princípio, tal como indicado nos regulamentos tecnológicos desenvolvidos: T= 40-50°C à pressão atmosférica através de cristalização. A desidratação e secagem do HMTA é efectuada a 70°C com ar aquecido até às propriedades físicas e químicas correspondentes.

O desempenho da tecnologia HMTA será determinado após a sua comercialização, tendo em conta a procura do mercado, em particular a necessidade da USE Shurtanneftegaz após o teste piloto do seu lote piloto para a purificação do gás natural.

A hexametilenotetramina técnica, obtida por condensação de formaldeído com amoníaco, satisfaz os requisitos técnicos produzidos para as necessidades da economia nacional e para a exportação.

Consoante o objetivo, a urotropina técnica deve ser produzida nas seguintes marcas

Quadro 2.2.1.

Indicadores físico-químicos da hexamina técnica (HMTA)

№	O nome dos indicadores	Norma para marcas		
		CC ARCP 24 7891 01 00	PC ARCP 24 7891 0200	FC ARCP 24 7891 0300
1.	Aparência	Pó branco cristalino grosseiro não aglomerante	Pó de aglomeração cristalino polidisperso branco	Pó de aglomeração branco cristalino fino
2.	Fração mássica de aminas, % não inferior a	99.5	98.0	99.5
3.	Fração mássica de água, % não mais	0.5	2.0	0.5
4.	Resíduo após calcinação,%, não mais	0.01	0.01	0.03
5.	Número de permanganato, não inferior a	120	20	Não normalizado
6.	Resíduo após peneiração numa peneira:			
	Com malha № 2.5K, %	Ausência	Não normalizado	
	Com malha № 0355K, %, não menos	80	Não normalizado	
	Com malha № 014K, %, não menos	90	Não normalizado	

	Com malha № 008K, %, não mais	Não normalizado	0.5

CC - cristalino grosseiro; PC - com diferentes tamanhos de cristal (polidisperso); FC - cristalino fino.

Assim, é necessário organizar a tecnologia do HMTA como produto semi-acabado necessário para satisfazer as necessidades como absorvente e inibidor de corrosão ao localizar a sua produção com base em produtos semi-acabados locais: amoníaco e formaldeído.

Para desenvolver a composição qualitativa e quantitativa da solução absorvente composta, é interessante selecionar um ativador de entre os compostos que contêm azoto. Ao selecionar esses activadores, é necessário ter em conta todos os requisitos para os absorventes de gás ácido (ver p. 18), que extinguem selectiva e eficazmente o sulfureto de hidrogénio e o dióxido de carbono.

Na prática, é difícil encontrar reagentes químicos que satisfaçam plenamente todos os requisitos acima referidos. As alcanolaminas, entre as quais a monoetanolamina (MEA), a dietanolamina (DEA), a diglicolamina (DGA), a diisopropanolamina (DIPA), bem como a trietanolamina (TEA) e a metildietanolamina (MDEA), satisfazem, de uma forma ou de outra, os requisitos acima referidos, sendo as mais utilizadas para a depuração de gases de sulfureto de hidrogénio e de dióxido de carbono.

Com base no grau de substituição do átomo de azoto central por radicais alquilo, as aminas dividem-se em primárias (MEA, DGA), secundárias (DEA, DIPA) e terciárias (TEA, MDEA). As aminas contêm três tipos de grupos funcionais (ver Quadro 2.3.1.). A influência destes grupos nas propriedades das aminas é caracterizada da seguinte forma [22]:

- um aumento do número de grupos metileno aumenta a solubilidade da amina em hidrocarbonetos e reduz a solubilidade em água;

- os grupos hidroxi reduzem a pressão dos vapores saturados de aminas sobre a solução;

- um aumento do seu número numa molécula aumenta a solubilidade da amina em água e reduz a solubilidade em hidrocarbonetos;

- Os grupos amino conferem basicidade às suas soluções aquosas e têm um ligeiro efeito na solubilidade dos hidrocarbonetos em aminas.

Quadro 2.3.1.

Caraterísticas da estrutura das aminas

Aminas	Fórmula empírica	Massa molecular	Número de grupos funcionais		
			N-H	-OH	$-CH_m$
AIE	$HO-CH_2-CH_2-NH_2$	61.1	1	1	2
DGA	$H_2N-CH_2-CH_2-O-CH_2-CH_2-OH$	105.1	1	1	4
DEA	$(HOCH_2CH_2)2NH$	105.1	1	2	4
DIPA	$HN(CH_2-CHOH-CH_3)_2$	133.2	1	2	6
TEA	$(HOCH_2CH_2)_3N$	149.2	1	3	6
MDEA	$(HOCH_2CH_2)_2NCH_3$	119.2	1	2	5

Com base no exposto, podemos concluir que a DEA tem a maior seletividade para hidrocarbonetos, devido ao elevado número de grupos hidroxi (dois) e ao baixo número de grupos metileno (quatro). Os hidrocarbonetos em MEA e DIPA têm solubilidades semelhantes. O DGA tem apenas um hidroxi e um número médio de grupos metileno, pelo que tem a maior afinidade para os hidrocarbonetos e, por conseguinte, uma baixa seletividade para os mesmos.

Quadro 2.3.2.

Indicadores comparativos de soluções de aminas na purificação de gás natural a partir de componentes ácidos

№	Aminoálcoois e contendo azoto activadores	Concentrado solução de radioabsorção	Absorção capacidade, mol/mole	Seletividade para gases ácidos, %	Grau de gás de H_2S, *mg/m^3*
1.	Dietanolamina	25	0.40	95.5	13-15

2.	Metildietanolamina	30	0.45	96.8	12-15
3.	Diisopropanolamina	30	0.40	87.4	18-20
4.	Hexametilenodiamina	25	0.35	82.8	17-19
5.	Hexametilenotetramina	25	0.45	98.0	10-13

Durante um estudo comparativo (Quadro 2.3.2.) de soluções de aminas para purificação de

gás natural a partir de componentes ácidos, verificou-se que os seus indicadores de sorção de gases ácidos diferem em certa medida sob as mesmas condições e concentrações de utilização. Apesar disso, os compósitos apresentaram os melhores resultados. No entanto, a falta de produção de aminas na República complica a sua utilização. Por isso, é de interesse desenvolver a tecnologia de um dos possíveis absorventes contendo azoto. O absorvente mais abundante em produtos intermédios deste tipo é o HMTA.

O processo de produção da hexametilenotetramina (HMTA) baseia-se na reação de condensação do amoníaco com o formaldeído, tanto em meio aquoso como em contacto com a fase gasosa, de acordo com o esquema seguinte:

$$4NH_4OH+6CH_2O \rightarrow C(6)H(12)N_4+10H_2O$$

A fim de desenvolver uma tecnologia para a produção de HMTA, uma série de empresas nacionais

são necessários produtos intermédios, cujas propriedades são indicadas a seguir.

Caraterísticas das matérias-primas e dos materiais

Propriedades do amoníaco

Fórmula empírica: NH_3

Massa molecular 17,03

Gás incolor, solúvel em água, odor forte, perigoso para a vida.

Hidróxido de amónio

Fórmula empírica: $NH_4OH_{(g)}$, $NH_4O_nH_2O$ solução aquosa a 25% com $d_4^{20} = 1.084cm^3$, $R_{n.p}$=85000 Pa.

Massa molecular: 35.0

Solução aquosa incolor com um odor pungente que provoca envenenamento.

Formaldeído

Fórmula empírica: $CH_2O_{(g)}$, CH_2OnH2O -37% solução aquosa:$d_4^{20} = 1.042cm^3$

Fórmula estrutural: $H - C \begin{smallmatrix} \nearrow O \\ \searrow H \end{smallmatrix}$

Peso molecular: 30,03

Gás incolor, solúvel em água, etanol e parcialmente em éter. Com um odor pungente que provoca lacrimação e um efeito de queimadura

Dietanolamina

Fórmula empírica: $NH(CH_2CH_2OH)_2$

Fórmula estrutural: $HN \begin{smallmatrix} \diagup CH_2CH_2O \\ \diagdown CH_2CH_2O \end{smallmatrix}$

Massa molecular: 105,14

Líquido transparente, solúvel em água e etanol em todas as proporções. $T_{ml.}$-28(o)C, $T_{ferver.}$-268(o)C.

Na figura 2.3.1. é apresentado um diagrama tecnológico básico da instalação para a produção de HMTA. As quantidades calculadas de soluções aquosas de 25% de NH_4OHnH_2O e 37% de CH_2OnH2O são fornecidas pelos tanques de medição (1) ao misturador (2). Utilizando uma bomba (3), estas soluções são continuamente aglomeradas até um estado uniforme. A partir daí, a solução misturada entra no cristalizador (4) através de uma comporta.

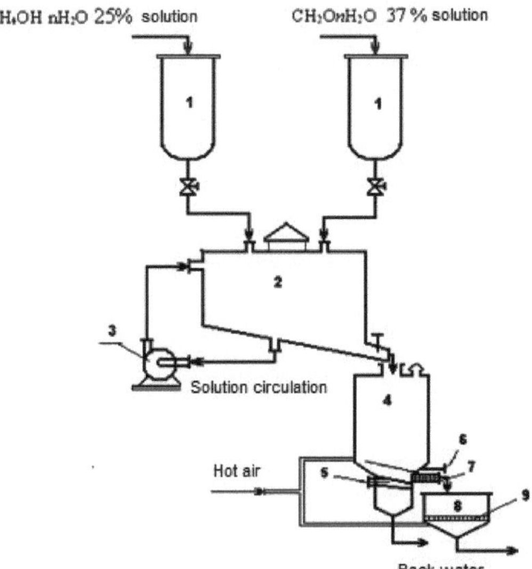

1-tanques de medição, 2-misturador, 3-bomba, 4-cristalizador, 5-auger, 6-válvula de porta, 7-filtro de cartucho, 8-secador com pulverizador de ar quente, 9-filtro.

Figura 2.3.1. Instalação tecnológica de base para a obtenção da HMTA

As partículas de cristal remanescentes após a válvula de gaveta (6) são alimentadas por um sem-fim (5) para um secador com um jato de ar quente (8). Do cristalizador (4), a água de retorno é filtrada num filtro de cartucho (7) da HMTA e flui da parte inferior do cristalizador (4), que é utilizada para preparar a solução de amina e formalina. No secador (8), a HMTA em bruto é seca com ar aquecido. As gotas de água de retorno do HMTA bruto do secador (8) são combinadas com a água de retorno do cristalizador (4). A HMTA do secador (8) é tarada e transportada para os consumidores [120].

Em condições normais, o HMTA é libertado por cristalização a partir de soluções aquosas de formaldeído e amoníaco.

Propriedades físico-químicas da hexametilenotetramina (HMTA):

- cristais romboédricos incolores;
- solubilidade em 100 g de H_2O-81,3 g (12°C)
- a uma temperatura de 230°C sublima sob vácuo;
- a uma temperatura de 280°C é carbonizada, a solução aquosa de HMTA é de natureza alcalina.

Foram desenvolvidos regulamentos tecnológicos para a produção industrial piloto de HMTA. Com base no desenvolvimento das especificações técnicas, recomenda-se o desenvolvimento desta tecnologia na Associação de Produção Navai Azot.

2.4. Tecnologia de produção de absorventes compósitos

A preparação de uma solução aquosa de uma composição de dietanolamina (DEA) com HMTA consiste em dissolver o HMTA em água purificada, seguida da dosagem de uma determinada concentração para modificar as propriedades da solução de absorção de DEA.

A criação de uma composição de uma solução de absorção para purificar o gás natural dos seus componentes agressivos contribui para melhorar a qualidade do gás purificado, conferindo uma série de propriedades positivas à solução de absorção.

A extração selectiva do sulfureto de hidrogénio dos gases permite reduzir o consumo de absorventes e, portanto, os custos energéticos, enquanto que a concentração de sulfureto de hidrogénio nos gases de regeneração ácida também aumenta, o que afecta significativamente a melhoria do funcionamento das instalações de depuração de gases e a produção de enxofre pelo método Claus. Um destes absorventes é a dietanolamina (DEA) com o aditivo (DEA: HMTA: água = 20:5:75%).

A intensificação da purificação selectiva do gás natural a partir do sulfureto de hidrogénio é conseguida através da adição do ativador composto hexametilenotetramina (HMTA) à solução DEA.

Ao mesmo tempo, juntamente com o sulfureto de hidrogénio (H_2S) e o CO_2, observa-se também a absorção de compostos organossulfurados do gás natural.

Para preparar uma solução aquosa composta com o ativador HMTA, a proporção de **DEA:HMTA:água** é considerada como sendo 20:5:75.

Para obter uma solução composta de HMTA com DEA, é aconselhável preparar uma solução aquosa de HMTA e adicionar DEA à solução aquosa.

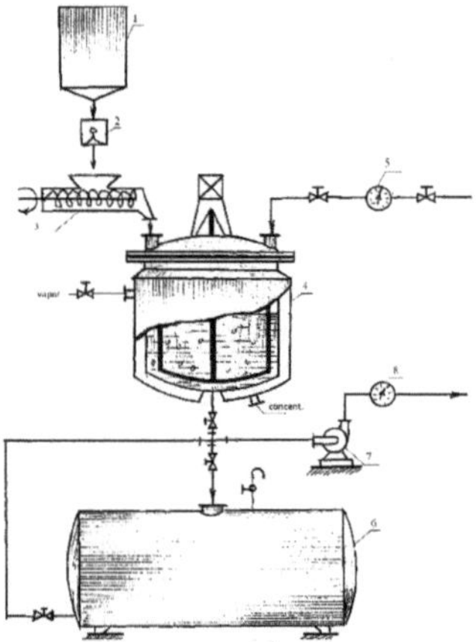

1 - tremonha para HMTA, 2 - balança, 3 - parafuso de alimentação, 4 - reator com agitador e aquecimento a vapor, 5 - medidor de caudal para água, 6 - recipiente para solução aquosa de HMTA, 7 - bomba, 8 - medidor de caudal para solução aquosa de HMTA .

Fig.2.3.1. Principal esquema tecnológico para a obtenção de um compósito solução aquosa de HMTA com melamina.

O HMTA do armazém entra na tremonha (1), depois é pesado em balanças (2) e carregado no bunker de alimentação por trado (3), de onde é alimentado a granel num reator com um agitador e aquecimento a vapor (4). A água doce é alimentada através de um medidor de fluxo (5) para o reator-misturador (4), onde é preparada uma solução aquosa de HMTA. O reator é aquecido com vapor a 60-70ºC. A agitação e a dissolução do HMTA em água ocorrem durante 30 minutos.

A agitação da solução aquosa de HMTA prossegue durante 1-1,5 horas a 60-70ºC até que o HMTA esteja completamente dissolvido e a solução esteja num estado homogéneo. A solução aquosa acabada do ativador é transferida para um recipiente (6) a partir do qual, utilizando uma bomba (7) através de um medidor de fluxo (8), é doseada para um recipiente para armazenar a solução absorvente regenerada (ver Fig. 2.3.2.).

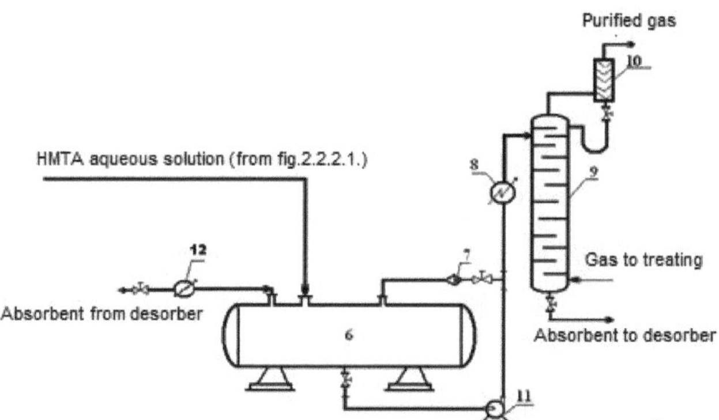

1-absorvedor, 2-separador de gás purificado, 3-refrigerador, 4-filtro, 5-tanque de armazenamento absorvente, 6-bomba

Figura 2.3.3. Unidade para equilibrar a composição absorvente do ativador no sistema de absorção.

A solução de HMTA proveniente da unidade de preparação (Fig. 2.3.3.) é introduzida no depósito de armazenamento do absorvente (5), onde é misturada com a solução de DEA e circulada através do filtro (4) pela bomba (6), após arrefecimento no frigorífico (3) a uma temperatura de 35 -40$^{(o)}$C é fornecida ao absorvente (1) [121].

A concentração de HMTA e DEA na solução de trabalho é de 25%. Exemplo de preparação de 1 tonelada de solução de trabalho:

$$C = \frac{A \cdot a \cdot x}{A_1 \cdot x_0} = \frac{1 \cdot 0{,}25 \cdot 5}{1 \cdot 25} = 0{,}05t,$$

em que C é a quantidade de HMTA, t;

A - quantidade de solução de absorção composta, t;

A_1 - quantidade de solução de trabalho, t;

x_0 - concentração de absorvente, %;

a - quantidade de DEA+HMTA, t;

x - quantidade especificada de aditivos, %.

Com base no desenvolvimento tecnológico acima mencionado, foram criados regulamentos tecnológicos temporários com base no cálculo de parâmetros industriais para o processo de purificação de gás natural de componentes ácidos usando uma solução de trabalho de DEA com aditivos. Na tabela 2.3.4. são apresentados os parâmetros de produção do processo de purificação de gás a partir de componentes ácidos (os parâmetros de produção são emprestados dos regulamentos de purificação de gás na USE "Shurtanneftegaz")

Quadro 2.4.1.

Indicadores do processo de purificação do gás de absorção com DEA e um absorvente composto

№	Indicadores	DEA	Absorvente composto DEA:HMTA:água, %, 20:5:75
1.	Concentração, %	25	25
2.	Temperatura de absorção, (0)C	45	45
3.	Temperatura de dessorção, (0)C	125-130	115-125
4.	Teor na solução saturada após purificação: H_2S, **mole/mole** CO_2, **mole/mole**	0.3-0.4 0.16-0.20	0.42-0.5 0.22-0.3
5.	Conteúdo do regenerado solução, H_2S, **mole/mole** CO_2, **mole/mole**	0.01 0.09	0.01 0.09

Para um absorvente composto no Quadro 2.4.1, os parâmetros de sorção foram retirados dos resultados de ensaios laboratoriais e as condições de sorção foram idênticas às condições de produção.

Ao purificar o gás natural dos seus componentes ácidos (H_2S, CO_2) com absorventes [4], soluções de dietanolamina (DEA-25%) ou a sua composição [25] com o aditivo ativador de hexametilenotetramina (HMTA) com um sistema polidisperso complexo (DEA + HMTA) [115], o contacto do gás purificado com a solução de trabalho é observado num tempo muito curto (0,01-0,02 seg.). Um absorvedor com bicos reduz significativamente o caudal do gás a ser purificado, mas para a eficiência

da purificação do gás natural a partir de componentes ácidos, é necessário determinar o tempo ótimo do seu contacto, o que é conseguido saturando a solução de trabalho do absorvente com gases ácidos na coluna de absorção e a sua capacidade máxima de absorção atinge V = 0, 50-0,55 mol/mole. O processo considerado é multifatorial e os seus parâmetros cinéticos (temperatura, pressão, volume de sorção do gás e concentração da solução de absorção) são
interligados. Determinação da velocidade da reação de formação do sal (sulfuretos ou carbonatos de etanolamónio) de DEA com gases ácidos está associada a algumas complicações (formação de espuma num fluxo de gás forte, instabilidade da etanolamina
devido a perdas, contaminação da solução com compostos organosulfurados). Por conseguinte, o parâmetro caraterístico da taxa de sorção foi considerado como sendo a capacidade de absorção de uma solução saturada do absorvente com gases ácidos por unidade de tempo.

Para generalizar as caraterísticas cinéticas, a ordem da reação de neutralização de gases ácidos com etanolaminas foi determinada de acordo com a equação de Arrhenius (Fig. 2.4.2.).

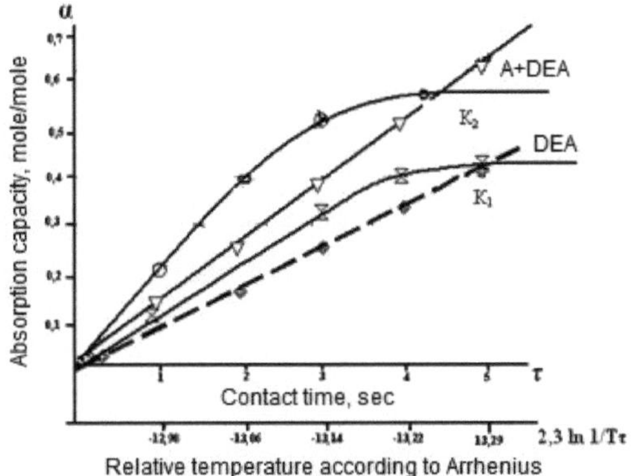

∇- Curva de Arrhenius para um absorvente composto (A+DEA),✥ - Curva de Arrhenius para absorventes conhecidos (DEA),O - Capacidade de absorção do absorvente composto (A+DEA),⧖ - Capacidade de absorção de absorventes conhecidos (DEA)

Fig.2.4.2. Dependência da capacidade de absorção do adsorvente com o tempo de contacto dos gases ácidos com o adsorvente e com o fator temperatura de sorção.

A cinética da reação de solvatação (formação de sal) da DEA com sulfureto de hidrogénio, de acordo com os cálculos à temperatura relativa segundo Arrhenius, é uma reação de primeira ordem. Durante a ativação de DEA com HMTA, ocorre a aprotonização de grupos hidroxilo por átomos de azoto, devido à qual as propriedades básicas dos grupos amino são reforçadas.

Quando um aditivo ativador é introduzido numa solução de DEA, a reação de solvatação processa-se na segunda ordem. Neste caso, a equação cinética é descrita da seguinte forma [25]:

$$Y=KX^2(A+b),$$

onde A- é estabelecido de acordo com a força da basicidade da amina. Como sabe, o pH das soluções pode ser de 7 a 14.

A função de basicidade para a solução composta considerada com pH=9,9 é igual a -0,889

$$A=[OH]- = -\lg pH$$

b- caracteriza a ativação da solução de trabalho. Este valor relativo pode ser estimado como o rácio das capacidades de absorção (V) das soluções de trabalho:

$$b=\frac{[a_a]}{[a]_{work.}}=\frac{V_a}{V}$$

onde V é a capacidade de absorção de uma solução de DEA a 40%, V_a é a capacidade de absorção de uma solução activada (composta) de DEA + HMTA a 25%. V e V_a foram determinados experimentalmente na planta piloto da USE "Shurtanneftegaz". Os resultados obtidos correspondem a 0,45 mol/mole (V) e 0,55 mol/mole (V_a). O valor de **b** após a fixação dos valores determinados experimentalmente da capacidade de absorção é de 1,24.

A quimisorção de gases ácidos pelas etanolaminas é descrita pela soma dos seus solvatos formados de acordo com as fases da reação

H_2S+EA = EA*H^+ + HS^- HS+EAH^+ = EA*2H^+ + S^{-2};

CO_2+ EA $\underset{H_2O}{=}$ EA*H +$HCO^+{}_3^-$ HCO_3^- + EAH^+ = EA*2H +$CO^+{}_3^{-2}$;

As constantes da taxa de quimisorção podem ser expressas pelas equações:

$$K_{H_2S} = \frac{[EA \bullet 2H][S^{-2}]}{[H_2S][EA]}$$

$$K_{H_2CO_3} = \frac{[EA \bullet 2H][CO_3^{-2}]}{[H_2CO_3][EA]}$$

As constantes de taxa de quimissorção foram determinadas na mesma instalação experimental e iguais a $K_{H_2S} = 2{,}32\text{-}10^{-3}$ $K_{H_2CO_3} = 1{,}91\text{-}10^{-2}$.

Com base nos valores obtidos da constante de taxa de quimisorção, determinou-se a constante total $K_\Sigma = K_{H_2S} + K._{H_2CO_3}$

Assim, a constante de velocidade total para a condição de reação óptima para a quimisorção de gases ácidos por etanolaminas pode ser calculada utilizando a fórmula igual a $K_\Sigma = 2{,}2 \cdot\cdot 10^{-3}$. A velocidade K_A para a solução composta activada será correspondentemente igual a $K_A = 1{,}78$-10-3;

A quimisorção de gases ácidos por uma composição de etanolaminas é um processo de várias fases e de vários factores. O mecanismo de todas as fases das composições de etanolaminas só pode ser ilustrado para o caso da quimissorção de sulfureto de hidrogénio por um absorvente (DEA + HMTA).

Assim, é possível descrever o mecanismo de ativação do DEA (n=1) e o grau de influência do complexo de ativação com moléculas de sulfureto de hidrogénio na formação do sal (n=2).

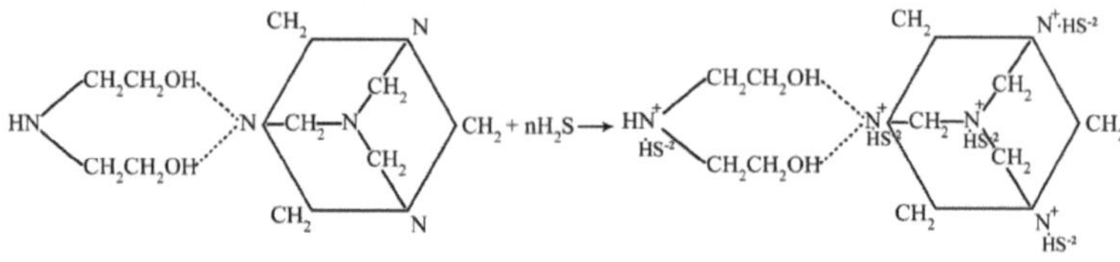

Devido à elevada capacidade de dissolução do HMTA, a dissociação do seu sal complexo com DEA é aumentada, o que contribui para melhores caraterísticas de sorção do absorvente compósito; o número de coordenação para H_2S aumenta de 1 para 5, o que também é observado no caso da sorção de dióxido de carbono [122].

2.5. Estudo das propriedades químicas coloidais das soluções compósitas

Para purificar o gás natural, são utilizados principalmente processos de absorção, nos quais os componentes ácidos são extraídos do gás por quimisorção em absorventes. As soluções de aminas MEA, DEA, TEA, MDTA, etc. são utilizadas como absorventes. No entanto, os absorventes acima mencionados têm uma série de desvantagens: baixa capacidade de sorção, seletividade para sulfureto de hidrogénio e mercaptano, etc.

A fim de melhorar os parâmetros de funcionamento das soluções de absorção de etanolaminas, foram realizados estudos sobre a ativação de absorventes com vários compostos doadores de electrões - HMTA, etilenoglicol (EG), etc. A criação de absorventes compostos permite aumentar a capacidade de absorção das etanolaminas para componentes ácidos. Reduzirá a temperatura de regeneração de uma solução saturada em 10-20^{0}C, reduzirá a atividade de corrosão e atingirá um baixo limite de formação de espuma com caudais adequados do gás purificado. Para explicar a base físico-química da interação das etanolaminas com os activadores e determinar as propriedades químicas coloidais das soluções de absorção, estudámos a viscosidade, a tensão superficial e a condutividade eléctrica das soluções individuais de etanolaminas e com os ingredientes.

Os indicadores comparativos das propriedades físico-químicas dos absorventes compostos e das soluções absorventes utilizadas no processamento industrial de gases são apresentados no Quadro 2.1.1.

Como se pode ver no quadro 2.1.1. com o aumento da concentração de etanolaminas, a viscosidade das soluções altera-se em função das suas caraterísticas estruturais. As soluções de DEA e MDEA têm a viscosidade mais elevada. Quando combinadas com soluções de etanolamina com promotores, a viscosidade altera-se dentro de limites insignificantes. A adição de activadores e promotores à solução absorvente diminui a tensão superficial e aumenta a condutividade eléctrica, o que ajuda a aumentar a capacidade de sorção de componentes ácidos.

Quadro 2.1.1.

Propriedades físico-químicas dos absorventes compósitos em função de composição

Composição das soluções massa, %	Parâmetros físico-químicos das soluções				
	Densidade, g/cm³ d_4^{20}	Índice de refração a 20⁰C	Viscosidade cПз η	Tensão superficial δ	Específico elétrico condutividade $\cdot 10^{-4} cm^{-1} Ohm^{-1}$
DEA-água 25-75	1.085	1.4776	3.62	68.86	5.53
MDEA-água 25-75	1.022	1.4852	3.49	68.92	4.02
DEA-HMTA- - água 20-5-70	1.104	1.4776	2.16	70.80	6.70
MDEA-HMTA-água 20-5-75	1.104	1.4868	2.37	70.87	7.5

A fim de obter um novo ativador para uma absorção mais eficiente dos componentes ácidos do gás, o HMTA foi misturado com amina em diferentes proporções molares. Preparámos 4 tipos de soluções activas de DEA com diferentes teores de ativador A - HMTA: DEA 1: 4 mol por mol.

Quadro 2.1.2.

Propriedades químicas coloidais de soluções de DEA com ativador

	Parâmetros físico-químicos das soluções

Composição das soluções DEA+A massa, %	Viscosidade relativa (η) ***SDR***	Tensão superficial (δ)	Condutividad e eléctrica $-10^{-4} cm^{-1}$ Ohm^{-1}
15+5	1.84	68.91	4.7
20+5	2.16	70.80	6.7
30+5	3.50	68.37	7.7
30+10	4.20	68.92	23.5

A partir dos dados apresentados, é evidente que a viscosidade e a condutividade eléctrica aumentam com o aumento da concentração de HMTA e a tensão superficial diminui. Se compararmos as propriedades de uma solução de DEA pura com um ativador correspondente à concentração, verificamos que, com a adição de um ativador, a viscosidade das soluções aumenta, e quanto maior for a quantidade, maior será a quantidade. A condutividade eléctrica de uma solução aquosa de DEA diminui com o aumento da concentração da solução, e aumenta com a adição de um ativador, sendo que com o aumento da concentração do ativador em 5%, ocorre um aumento anómalo da condutividade eléctrica (numa solução de 20% DEA + 5% A, a condutividade eléctrica é de 6,7 10^{-4} Ohm^{-1} cm^{-1}, e numa solução de 30% DEA + 10% A, a condutividade eléctrica é de 9,8-10-4 Ohm-1 cm-1) [126,127].

As propriedades de absorção das soluções activadas foram estudadas em função do tempo e do fluxo volumétrico do gás purificado. (Fig.2.1.1.) (Quadro 2.1.3.

Quadro 2.1.3.

Dependência da capacidade de absorção de soluções de DEA activadas no tempo de passagem do gás

Tempo de passagem, hora	Capacidade de absorção, mol/mole			
	DEA+A 15%+5%	DEA+A 15%+10%	DEA+A 20%+5%	DEA+A 20%+10%
1	0.15	0.16	0.36	0.50
2	0.20	0.24	0.40	0.60
3	0.23	0.26	0.46	0.65
4	0.26	0.30	0.50	0.71
5	0.32	0.41	0.60	0.79
6	0.40	0.45	0.60	0.79

Dos dados obtidos conclui-se que, com o aumento da concentração de DEA e do ativador (A) na solução, aumenta a capacidade de sorção da solução de absorção em relação aos componentes ácidos do gás.

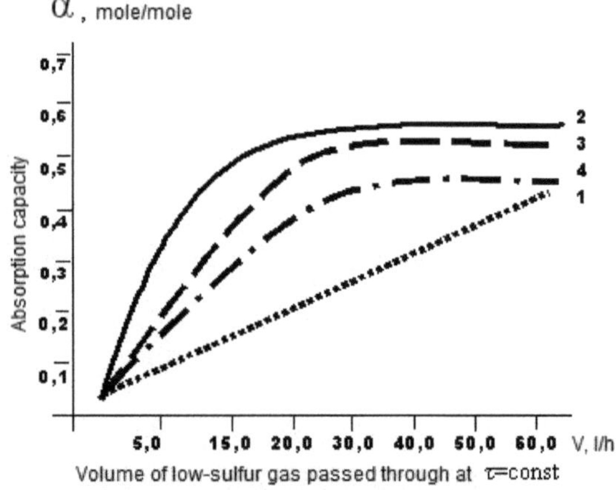

1,15% DEA + 5% A; 3. 20% DEA+5% A;

2. 20% DEA + 10% A; 4. 15% DEA + 10% A

DEA e ativador (A) com um aumento correspondente do volume purificado de gás com baixo teor de enxofre.

Fig.2.1.1. Dependência das capacidades de absorção (α) do absorvente em função das alterações de concentração.

A partir da Figura 2.1.1. é evidente que a melhor das amostras testadas é uma solução activada com uma concentração de componentes activos de 20% DEA + 5% A.

O aumento da concentração do ativador isolado de 5 para 10% aumenta a capacidade de absorção da solução numa média de 1,25 vezes.

O mecanismo de ativação das soluções de etanolamina e a explicação para o correspondente aumento da sua capacidade de sorção de componentes gasosos ácidos podem ser atribuídos à interação dador-acetor entre as moléculas do substrato e do ativador, em resultado da qual o volume e os centros que ligam o sulfureto de hidrogénio aumentam.

A constante de velocidade total para a condição de reação óptima para a quimisorção de gases ácidos por etanolaminas é igual a $K_{\Sigma} = 2{,}1.10^{-3}$, e a taxa $_{K(A)}$ para a solução composta activada será correspondentemente igual a $_{K(A)} = 1{,}78.10^{-3}$. Esta interação é confirmada por estudos espectroscópicos de RMN, onde os sinais dos protões do grupo CH_2- no HMTA são deslocados de 4,9 - 5,4 ppm para 4,3 - 5,1 ppm. Os sinais dos protões CH_2NH em DEA são deslocados de 2,80 - 3,1 ppm para 2,6 - 3,0 ppm, e na ligação fraca dos protões -CH_2OH - de 3,60 a 3,9 ppm para 3,3 - 3.7 ppm, para 2,6 - 3,0 ppm, e numa ligação fraca entre HMTA e DEA -

$(CH_2)_6N_4$-($HOCH_2CH_2)_2NH$ manifesta-se por aproximações no espetro de 1,1 ppm.

A relação dador-acetor entre a etanolamina e o HMTA aumenta a polarização da solução em relação aos componentes ácidos do gás, como evidenciado pelo aumento da condutividade eléctrica específica das soluções com a introdução de activadores.

Nos absorventes compostos, os activadores permitem regular as propriedades químicas coloidais do sistema de dispersão "gás" - "líquido" durante os processos de purificação de gás, o que afecta significativamente o processo de quimisorção de gases agressivos.

O estudo do processo de absorção de componentes ácidos por etanolaminas activas sob pressão revelou a estabilidade do absorvente composto em condições de produção extremas. Os parâmetros de funcionamento não se alteraram sob uma pressão de funcionamento do gás de 50-60 atm. O absorvente composto desenvolvido, constituído por DEA+ HMTA e água numa proporção de 20+5+75%, tem os seguintes indicadores:

Viscosidade da solução aquosa (η), ***cПз***	2.16
Tensão superficial **(δ), *dyn/cm***	70.80
Condutividade eléctrica específica (**κ**), cm^{-1} Ohm^{-1}	6.7 10-4
Densidade (d_4^{20}), g/cm^3	1.104
Toxicidade	

Solubilidade em água da DEA e do HMTA	mesma classe
Tempo de vida da espuma, (τ), seg.	cheia
Solubilidade em hidrocarbonetos	Menos de 18 - 20
	baixo

O absorvente é estável durante a regeneração na presença de sulfureto de hidrogénio, dióxido de carbono, oxigénio a temperaturas de funcionamento de 30^0C-150^0C.

A solução é estável nas prateleiras.

O consumo de absorvente para gás com baixo teor de enxofre é de 0,50-0,60 mg/m3 em termos de 0,1% de H_2S e 0,26% de CO_2, bem como 0,1% de mercaptanos.

Condições para a regeneração do absorvente

T_{cubo} - 125^0C, T_{topo} - 105^0C.

Assim, podemos concluir que a adição do ativador DEA:HMTA=1:4 mol aumenta a taxa de absorção de sulfureto de hidrogénio.

As etanolaminas são bases orgânicas que formam soluções alcalinas em água com determinadas propriedades físicas (d_4^{20}, n_D^{20} ,η eδ), que dependem da sua concentração e propriedades químicas.

O processo de transferência de massa por absorção baseado neles depende em grande parte do comportamento das aminas em solução, quando a absorção química e física de componentes de gás ácido é observada aqui. A este respeito, consideraremos algumas questões relativas ao escoamento, à superfície e às propriedades em massa das soluções de DEA com HMTA[128].

Quadro 2.2.1.

Tensão superficial das soluções de aminas e das suas soluções activadas, (dine/cm)

№	Concentração de EA %	AIE	DEA	MDEA	AIE HMTA (5%)	DEA HMTA (5%)	MDEA HMTA (5%)	HMTA
1.	5.0	70.33	69.03	69.18	64.15	68.15	68.8	72.63
2.	10	70.90	69.33	69.47	66.71	69.40	69.65	71.50
3.	15	71.18	69.45	69.59	67.62	70.08	70.12	70.32
4.	20	70.30	69.05	69.32	68.25	70.80	70.87	70.90
5.	25	69.46	68.86	68.92	68.70	70.92	70.81	71.10
6.	30	69.87	67.25	93.10	69.12	71.05	71.03	71.27

Devido à interação química da DEA com o HMTA, as suas soluções aquosas apresentam propriedades tensioactivas, ou seja, as soluções têm uma tensão superficial elevada e uma viscosidade baixa em comparação com a água e a solução de DEA. A razão para isto pode ser as propriedades tensioactivas do HMTA, que reduzem aδ DEA da solução (Tabela 2.2.1). A tensão superficial das soluções foi determinada com o dispositivo de P.A. Rebinder, utilizando o método de aplicação de uma maior pressão de bolhas na camada limite (interfase) da solução de absorção activada de aminas.

O processo de absorção de purificação de gás está associado a grandes fluxos de sistemas de fases iguais; tais como um sistema absorvente constituído por água de amina, um ativador, um agente espumante, etc. um sistema de gás purificado constituído por gás natural, hidrocarbonetos, componentes ácidos, etc.

Consequentemente, a viscosidade, o fluxo das soluções de etanolamina durante o processo de absorção com a adição de um ativador, ou a sua preservação dentro do limite de viscosidade da fase dispersa - água permite que o processo de absorção e dessorção seja realizado sem complicações. Na tabela 2.2.2. são apresentadas as alterações da viscosidade das soluções de etanolamina com o aumento da concentração da substância principal. Pode ver-se aqui que, com a ajuda do HMTA, é possível regular a viscosidade das soluções.

Quadro 2.2.2.

Viscosidade de soluções aquosas de aminas e seus activados soluções, (cПз)

№		Viscosidade das soluções

	Concentração de EA %		DEA	MDEA	GMTA	MEA HMTA 5%	DEA HMTA 5%	MDEA HMTA 5%
1.	5	1.77	1.92	1.98	1.72	1.67	1.84	1.87
2.	10	2.90	2.62	2.88	2.18	2.71	2.04	2.10
3.	15	3.43	3.10	3.14	2.38	3.23	2.63	2.75
4.	20	3.56	3.33	3.26	2.63	3.32	2.16	2.37
5.	25	3.75	3.62	3.49	2.71	3.53	3.11	3.32
6.	30	3.97	3.86	3.78	2.90	3.69	3.02	3.10

A intensidade da formação de espuma depende da tensão superficial da solução de absorção. No caso em apreço, o ativador HMTA não reduz significativamente a "δ " da solução, mas não contribui para a formação de espuma. Para determinar a formação de espuma num sistema de etanolaminas activadas, as suas soluções foram testadas numa unidade de medição de espuma, tendo sido medidas a altura e o tempo de vida da espuma resultante da agitação intensiva das soluções de absorção. A altura da espuma de todas as soluções testadas não excedeu 3,2-4,5 cm e o tempo de vida não foi superior a 2-4 segundos. No caso da DEA + HMTA, h=1-1,5 cm e o tempo de vida da espuma é de 1,0-1,5 segundos, o que está no limite permitido e requer a redução da concentração de DEA na solução.

Juntamente com os factos estabelecidos, é necessário identificar os seguintes factos reológicos:

- determinou a capacidade de formação de espuma da solução em condições dinâmicas;

- influência da relação ativador-gás - etanolamina;

- desenvolvimento de propostas para os regulamentos da USE "Shurtanneftegaz" e instruções para a preparação da solução de trabalho do ativador e a sua introdução no sistema.

A capacidade de formação de espuma foi determinada numa instalação laboratorial em condições dinâmicas de gás-líquido. Ao mesmo tempo, foram mantidas condições normais para a pressão parcial dos gases. A velocidade linear do gás V=0,53 l/min. A formação de espuma foi determinada pelo rácio h/V, em que h - a altura mínima de formação de espuma.

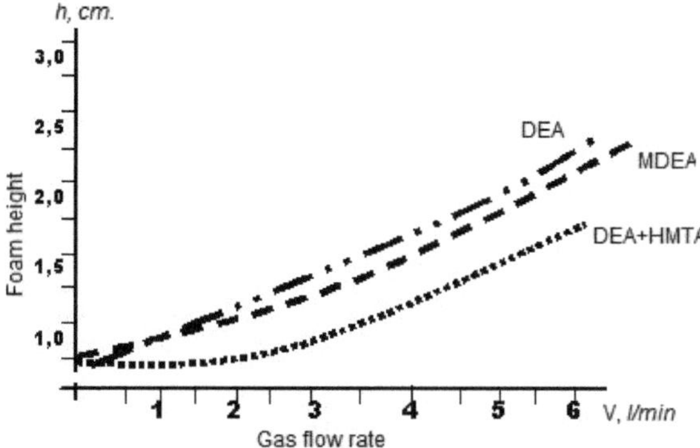

Fig: 2. 2.1. Dependência da altura da espuma (h) com o caudal da velocidade linear do gás (V).

A Figura 2.2.1 mostra uma dependência comparativa da altura da espuma em soluções de etanolamina com a velocidade linear do gás, onde é indicado um aumento; com o aumento da velocidade, a altura da espuma aumenta significativamente. A utilização de activadores HMTA nas soluções de trabalho reduz comparativamente a sua formação de espuma. A formação de espuma com diferentes absorventes activados difere; DEA+HMTA forma menos espuma do que no caso dos absorventes MDEA e DEA.

Para determinar o efeito da quantidade de HMTA na formação de espuma das etanolaminas, mostraremos a dependência da formação de espuma das etanolaminas em relação à concentração de HMTA adicionado (Fig. 2.2.2). Como pode ser visto na Figura 2.2.2. que, em diferentes concentrações do ativador de espuma, primeiro diminui e depois aumenta gradualmente. Isto pode ser explicado pelo facto de que com o aumento da concentração dos componentes da solução de absorção, a viscosidade da solução aumenta, o que ajuda a aumentar a dispersão do gás no líquido. Verificou-se que a concentração óptima do ativador é de 5%.

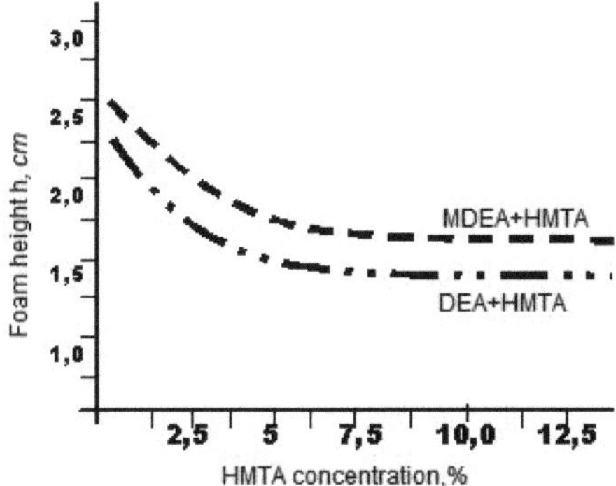

Fig: 2.2.2. Dependência da formação de espuma nas aminas em função da concentração do ativador nas mesmas.

As condições para a regeneração de uma solução saturada de componentes ácidos com HMTA não requerem custos tecnológicos adicionais, e a temperatura do processo pode ser reduzida em 5-10^{0}C, ou seja, 115-120$^{(0)}$C.

O processo de regeneração de gases saturados com gases ácidos foi estudado através da alteração da concentração de HMTA na solução. À medida que o teor de aditivos activadores na solução aumenta, a sua temperatura de regeneração diminui funcionalmente. Quando a concentração de HMTA atinge 15% ou mais, tem pouco efeito sobre a temperatura de recuperação da solução de amina. Verificou-se que, dependendo da concentração de componentes ácidos na solução absorvida com HMTA, o tempo de regeneração da solução é menor do que sem a adição à solução.

A atividade de corrosão do HMTA foi estudada em amostras de aço St-3, tanto em soluções separadas como com MEA e DEA. A taxa de corrosão foi medida utilizando um dispositivo R-5035 e controlada pelo método gravimétrico. Os resultados dos estudos de corrosão do HMTA mostraram que, numa solução de 0,5-5%, inibe o processo num ambiente de ácidos minerais (HCl 6-12%). A taxa de corrosão neste caso é reduzida para 2,5 g/m^2h (Z=75%), a 25^{0}C Z=88,74%, 40^{0}C Z=98,7%. A partir dos resultados obtidos, é evidente que o HMTA numa solução com DEA e DEA exibe propriedades tensioactivas igualmente boas e aumenta a hidrofobização da superfície metálica, que é um dos factores que protege o equipamento da corrosão por sulfureto de hidrogénio.

Verificou-se que a hexametilenotetramina (HMTA) é aceitável para ativar a solução de absorção de dietanolamina (DEA), com HMTA+DEA=5+15% observam-se os seguintes indicadores para o processo de purificação de gás com baixo teor de enxofre:

capacidade de absorção da solução para H_2S e CO_2	0,5-0,55 mol/mole;
temperatura de absorção	35-45°C;
temperatura de regeneração	115-125°C;
teor de componentes ácidos na solução regenerada	0,1 mol/mole
teor de gases ácidos no gás purificado	7-10 mg/m3

Verifica-se que compostos como o HMTA, com um elevado teor de átomos de azoto terciário condensado, devido à sua elevada densidade eletrónica, entram em interação intermolecular com o DEA, permitindo um aumento da sua atividade em gases ácidos.

Com base nos desenvolvimentos acima referidos, recomendações para o teste piloto da solução activada na USE "Shurtanneftgaz", foi compilado um apêndice "Regulamentos Tecnológicos Temporários" para o processo de purificação de gás amina a partir de componentes ácidos.

CAPÍTULO III. TECNOLOGIA DE PURIFICAÇÃO DE GÁS NATURAL COM ABSORVENTE COMPÓSITO

Nas tecnologias conhecidas de purificação de gás natural com soluções absorventes, são considerados os seguintes componentes e aparelhos para efetuar os processos de absorção e dessorção de componentes ácidos:

-Unidade de absorção de gases ácidos em absorventes com soluções de trabalho do absorvente;

- unidade de dessorção de gases ácidos em dessorventes e de regeneração do absorvente de trabalho;

- unidade para preparar a solução de trabalho do absorvente;

- unidade de limpeza da solução de trabalho do absorvente com sorventes sólidos (gel de sílica, carvão ativado, etc.);

- accionamentos, bombas de alimentação de fluxos de materiais (solução absorvente, solução saturada de gases ácidos e solução activadora);

- recipientes intermédios (para solução absorvente, ativador, solução saturada e sorvente).

A tecnologia em apreço foi testada pela fábrica de processamento de gás em funcionamento "Shurtanneftegaz", utilizando as suas comunicações de combustível e energia. Além disso, a utilização do ativador HMTA no processo de purificação do gás natural para aumentar a capacidade de sorção e melhorar as caraterísticas de desempenho da solução de absorção está associada à sua seletividade e seletividade.

3.1. Estudo da seletividade e seletividade dos absorventes compostos para gases ácidos

Propõe-se a obtenção de uma composição de absorventes activados à base de alcalaminas: monoetanolamina (MEA), dietanolamina (DEA), trietanolamina (TEA), bem como o ativador hexametilenotetramina (HMTA). O objetivo e a tarefa de levantar a questão da obtenção de etanolaminas activadas basearam-se na consideração de melhorar os parâmetros tecnológicos do processo, em primeiro lugar, o mais seletivo para H_2S, e em segundo lugar, a capacidade de absorção da solução para componentes ácidos aumenta. Atualmente, a metildietanoamina (MDEA) é cara e escassa; em segundo lugar, muitas fábricas de processamento de gás no país operam com etanolamina devido à sua disponibilidade a um custo mais baixo. Por conseguinte, é aconselhável desenvolver tais composições de absorventes de etanolamina activada, regulando as suas propriedades químicas e de superfície. Como resultado, foi possível aumentar a eficiência dos absorventes básicos, ou seja, as etanolaminas.

Selecionámos o HMTA como ativador das etanolaminas. O ativador HMTA é amplamente conhecido; em diferentes países, os seus nomes são utilizados de forma diferente: metilamina, hexamina, forma amino ou o nome racional - urotropina. O HMTA é um derivado importante do formaldeído e do amoníaco.

Os átomos de azoto e de carbono da molécula de HMTA, que apresentam uma simetria elevada, são equivalentes entre si: no espaço, os átomos de azoto situam-se nos vértices do tetraedro e os átomos de carbono nos vértices do octaedro. HMTA, uma substância cristalina branca com um sabor adocicado. Os cristais pertencem a uma solução cúbica centrada no corpo sob a forma de dodecaedros rômbicos. Quando aquecido, o HMTA sublima sem fundir a 280°C, acima dos quais se observa uma ligeira decomposição.

O HMTA dissolve-se bem na água com a libertação de calor; isto deve-se ao aumento dos seus associados com a água.

As soluções aquosas de HMTA têm uma reação ligeiramente alcalina. Em soluções a 5-40%, o HMTA flutua de 8 a 8,5. A sua constante de dissociação é $1{,}4\text{-}10^{-9}\text{-}8{,}4\text{-}10^{-9}$. O HMTA tem todas as propriedades caraterísticas de uma amina terciária; é semelhante à piridina, trietanolamina, etc., mas difere delas pelo facto de as suas propriedades básicas serem menos pronunciadas.

A produção de HMTA baseia-se na interação do amoníaco com uma solução aquosa de formaldeído, seguida de evaporação no vácuo. O HMTA é utilizado na produção de resinas de borracha de fenol-formaldeído, vernizes de materiais resistentes ao fogo, utilizados na vulcanização da borracha, regeneração de resinas de permuta iónica, nas indústrias alimentar e farmacêutica.

Como se pode ver acima, o chamado ativador HMTA é relativamente simples na tecnologia de produção, a sua produção é em grande escala e está disponível a um preço baixo.

O objetivo da utilização do ativador com a unidade tecnológica adequada para a produção de etanolaminas activadas é a instalação da PA

"Chirchik Elektrokhmprom", da PA "Navoi Azot" e da USE Shurtanneftegaz.

A unidade de dessulfuração SOU PPPG-Chirchik para purificação do dióxido de enxofre foi desenvolvida e projectada pela RNIIPI Gazodobycha, Saratov, 1972.

Durante o período de funcionamento, verificou-se uma discrepância entre o esquema tecnológico e o equipamento instalado, os requisitos e o regime tecnológico do processo de dessulfurização e regeneração da solução. Este facto originou complicações no funcionamento, o que levou a uma necessidade urgente de modernização da SOU. Ao mesmo tempo, a instalação funciona com o absorvente MEA com um desempenho relativamente baixo: a capacidade da SOU é de 900 milhões de m^3/ano, com um funcionamento de 8000 horas por ano.

A SOU-Chirchik é constituída por um bloco de separadores de entrada e primários, uma unidade de dessulfuração de gás e regeneração de solução de amina, uma unidade de separação a baixa temperatura e regeneração DEGA e uma unidade de medição.

Quando o gás e a solução entram em contacto, como resultado da interação química do DEA com o H_2S e o CO_2, são absorvidos com a formação de sulfuretos e bissulfuretos, carbonatos e bicarbonatos:

$$2(HOCH_2CH_2)_2NH + H_2S \rightleftharpoons [(HOCH_2CH_2)NH_2]_2S$$

$$[(HOCH_2CH_2)NH_2]_2S + H_2S \rightleftharpoons 2(HOCH_2CH_2)_2NH_2.HS$$

$$2R_2NH + H_2O + CO_2 \rightleftharpoons (R_2NH_2)_2CO_3$$

$$(R_2NH_2)_2CO_3 + H_2O + CO_2 \rightleftharpoons {}_{2R(2)}NH_2HCO_3$$

em que, **R**= $CH(2)CH(2)OH$

Com a circulação repetida da solução de amina, acumulam-se nela produtos de degradação termoquímica, produtos de corrosão e hidrocarbonetos pesados , o que leva à formação de espuma na solução e à deterioração da qualidade da limpeza. Para eliminar a formação de espuma, é adicionado um agente espumante ativo à solução de amoníaco.

Quadro 3.1.1.

Parâmetros técnicos do absorvedor

1.	Desempenho (admissão de gás)	70 mil m^3/hora
2.	Pressão do absorvedor	no momento.
3.	Consumo de soluções	m^3/hora
4.	Concentração da solução aquosa	
	HMTA	5% wt.
	DEA	20% wt.
5.	Temperatura da solução: saída à entrada do absorvedor	55-60$^{(o)}$C 35-45$^{(o)}$C
6.	Nível de solução no cubo	40-60%
7.	Queda de pressão	0,2-0,3 kgf/cm^2

No modo de absorção adequado, os gases ácidos são saturados a 0,5-0,55 mol/mole com H_2S e CO_2 utilizando H_2S .025-0,30 e CO_2 0,20-0,25 mol/mole e, em seguida, a solução é enviada para regeneração.

Neste caso, o tempo de contacto do gás purificado com o absorvente é de 2-4 segundos. O gás natural após a purificação por absorção entra num separador de baixa temperatura com uma pressão de 50-56 kg/cm^2 e T = 45-60°C, onde o gás natural é desidratado, seco e separado dos hidrocarbonetos líquidos.

Quadro 3.1.2.

Dados técnicos do

1.	Fornecimento de uma solução composta saturada ao dessorvedor	80-100 m^3/h
2.	Pressão superior do dessorvedor	0,6-0,8 atm.
3.	Pressão do fundo do dessorvedor	1,2 atm.
4.	Temperatura máxima	105-107$^{(o)}$C
5.	Temperatura do fundo	120-130$^{(o)}$C
6.	O grau total de saturação da solução absorvente composta com gases ácidos	0,5-0,55 mol/mole
7.	O grau total de saturação da solução com componentes ácidos após a regeneração	0,1 mol/mole

O gás natural, purificado de componentes ácidos, seco de HA e humidade, deve satisfazer os seguintes requisitos:

Ponto de orvalho:

-inverno em humidade -5°C a 0°C

-verão em humidade 0°C em temperatura da água +3°C

Impurezas mecânicas g/m^3, 0,001 SS 5542-87

Teor de oxigénio % 1,0 SS 3022-70

Teor de H_2S g/cm^3, 0,02 SS 17656-72

Densidade específica g/cm^3 0,756.

Para purificar a solução de DEA de impurezas mecânicas de hidrocarbonetos pesados, produtos de corrosão e degradação de aminas, uma porção da solução de cerca de 10% é enviada para a unidade de filtração e depois devolvida ao ciclo de purificação por absorção [129].

A partir do contentor, o HMTA é enviado, através de um doseador especial, para o contentor de preparação da sua solução aquosa, a partir do qual a solução de ativador é introduzida no misturador para a preparação de uma solução activada com DEA.

De forma semelhante, podem ser produzidas soluções activadas de DEA e TEA.

Quadro 3.1.3.

Propriedades físico-químicas das etanolaminas activadas

Composição da solução EA-A-água. %	Propriedades da solução de absorção						
	pH	d_4^{20} *g/cm³*	n_D^{20}	η *cПз*	δ *dyn/cm*	h *mm*	τ *sec*
AIE+HMTA							
20+5+75	9.8	1.101	1.3602	3.32	68.25	19	21
15+10+75	10.1	1.129	1.3678	3.16	67.81	18	19
15+15+70	10.2	1.142	1.3796	2.82	67.37	17	18
DEA+HMTA							
20+5+75	10.3	1.104	1.4985	2.16	70.80	15	15
15+10+75	10.4	1.116	1.4975	1.94	71.18	16	17
15+15+70	10.5	1.129	1.49656	173	71.37	16	17
MDEA+HMTA							
20+5+75	10.2	1.108	1.4970	2.37	70.87	19	21

15+10+75	10. 3	1.12 6	1.4965	2.13	71.21	18	20
15+15+70	10. 4	1.14 7	1.4960	1.94	71.73	18	20

Em condições laboratoriais, foram preparadas soluções de etanolaminas com propriedades físicas e químicas, que são dadas na Tabela 3.1.3.

Como se pode ver nos resultados, Tabela 3.1.3. a adição de etanolamina HMTA altera significativamente os parâmetros físico-químicos das soluções de absorção de etanolaminas.

Para verificar as propriedades das etanolaminas activadas para componentes ácidos, estas foram testadas através da sorção de gás com baixo teor de enxofre (0,08-0,1%) na instalação laboratorial acima referida. Tanto em modo estacionário como dinâmico [129].

Ao mesmo tempo, os factores necessários para nós que requerem esclarecimento são:

- determinar o facto de um aumento comparativo da capacidade de absorção da solução;

- determinando a seletividade de H_2S da solução;

- identificação de algumas alterações adversas no desempenho da solução de absorção com HMTA;

- determinação dos parâmetros do processo de dessorção de componentes ácidos da solução.

Consideremos o que foi dito utilizando o exemplo de uma solução de DEA activada. Para este efeito, a solução de trabalho do absorvente ativado em várias proporções é preparada de acordo com o esquema estabelecido 3.1.1. a 30-40ºC. A solução activada é carregada na unidade de absorção-dessorção, assegurando o seu funcionamento num modo mais leve: absorção a 30-40°C e dessorção dos componentes ácidos a 80-100°C. Neste caso, a capacidade de absorção da solução proposta é de 0,6-0,65 mol/mole, e a temperatura de regeneração diminui de 10-15°C. Consequentemente, o absorvente ativado pode ser utilizado na tecnologia de purificação de gás ácido no esquema da estação de tratamento de gás, onde atualmente são utilizadas soluções de etanolamina a 15-25% com uma capacidade de absorção de gás ácido de 0,45-0,55 mol/mole como solução de trabalho e a uma temperatura de regeneração de $125^{(0)}$C.

Neste caso, convém mostrar o efeito do ativador sobre a capacidade de absorção da solução de trabalho DEA para a componente ácida do gás natural. (Figura 3.1.1.)

Como se pode ver na Figura 3.1.1. com o aumento da concentração de HMTA na solução de DEA, a sua capacidade de absorção aumenta até à capacidade máxima para um determinado caso de tempo de contacto do gás purificado com o absorvente.

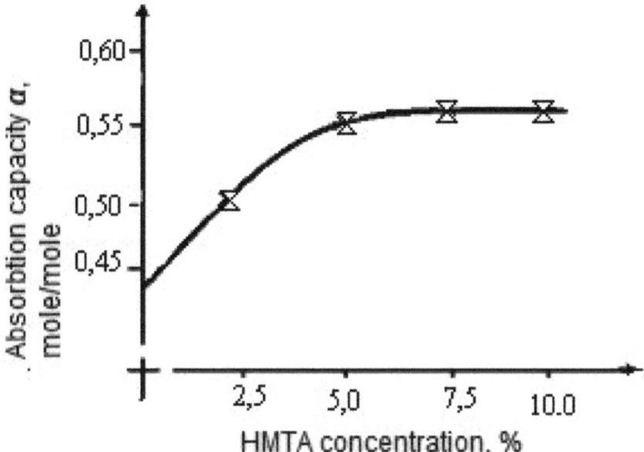

Fig.3.1.1. Dependência da capacidade de absorção α da solução de DEA a 20% em função da concentração de HMTA na mesma.

Um fator importante para a solução de DEA activada utilizada é a sua ingenuidade em H_2S. Neste sentido, vamos considerar a saturação volumétrica do absorvente com sulfureto de hidrogénio em diferentes teores de HMTA na solução (Figura 3.1.2.).

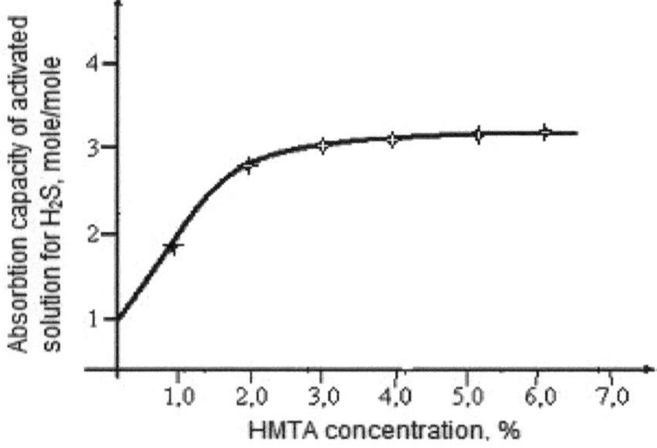

Fig.3.1.2. Dependência da seletividade do absorvente para H_2S em função da concentração de HMTA na solução.

Pode ver-se na Fig. 3.1.2. que com o aumento do teor de HMTA no absorvente, a sua capacidade aumenta linearmente, apesar deste facto positivo, não podemos permitir um aumento excessivo da concentração de HMTA. Isto leva a uma alteração dos parâmetros físico-químicos tanto do absorvente como do processo que nele ocorre.

Com base no que precede, conclui-se que com HMTA+DEA+água = 5+20+70 e o tempo de contacto do gás purificado com o absorvente é de 2,5-3,0 s, são alcançadas capacidades de absorção relativamente elevadas - 0,5 -, - 0,55 mol/mole; e seletividade para H_2S-0,25-0,3 mol/mole.

Quadro 3.1.4.

Indicadores da depuração por absorção do gás natural dos componentes ácidos utilizando a solução de DEA e o absorvente compósito, %

Componentes de gás natural na USE "Shurtanneftegaz" , %	Antes da amina limpeza %	Após a limpeza 25% de solução de DEA %	Após a limpeza com um absorvente composto (20% DEA +5% HMTA+75% água), %
Metano CH_4,	89.26	89.26	89.26
Etano C_2H_6	3.76	3.76	3.76
Butano C_3H_8	0.74	0.74	0.74
$i_{C(4)}H_{(10)}$	0.13	0.13	0.13
$n_{C(4)}H_{(10)}$	0.20	0.20	0.20
$i_{C(5)}H_{(12)}$	0.07	0.07	0.07

$n_{C(5)H(12)}$	0.16	0.16	0.16
C_6H_{14}	0.06	0.06	0.06
C_7N_{16}	0.03	0.03	0.03
C_8N_{18}	0.02	0.02	0.02
CO_2	4.57	0.10	0.07
H_2S	0.26	0.0013-0.0015	0.0007-0.0010

Na tabela 3.1.4. São apresentados os resultados da purificação de gás a partir de componentes ácidos com diferentes teores de DEA e HMTA em solução.

A partir dos resultados da tabela 3.1.4. verifica-se que o ativador HMTA aumenta significativamente a eficiência das etanolaminas na purificação de gases naturais.

Neste caso, a utilização de HMTA-ativador de etanolaminas em solução aumenta o coeficiente de utilização do absorvente :α

$$\alpha = \frac{V}{V_0} \cdot 100 = \frac{0,55}{0,40} \cdot 100 = 137,5$$

em que, V_0 - a capacidade de absorção de 25% da DEA

V- a capacidade de absorção do absorvente compósito DEA+HMTA.

Isto indica um aumento correspondente na eficiência da SDU a partir de componentes ácidos, uma redução proporcional no consumo de vapor para regeneração da solução e custos de energia.

3.2. Desenvolvimento de tecnologia para a purificação de gases de componentes agressivos utilizando um absorvente compósito

A tecnologia de purificação do gás natural de componentes agressivos com absorventes compostos foi desenvolvida numa instalação modelo dominada com base na oficina de purificação de gás amina da USE "Shurtanneftegaz". As condições de funcionamento da instalação de oração foram tão próximas quanto possível das condições de produção. Ao mesmo tempo, foram definidos os parâmetros dos seguintes processos:

- processo de absorção e dessorção com determinação do consumo ótimo de componentes, temperaturas das reacções em curso, identificação de processos secundários, etc.

- método de determinação da capacidade de absorção de soluções, DEA, HMTA, H_2S, CO_2, etc.

Como já foi referido, a adição de activadores às soluções de etanolamina dos absorventes conduz a um aumento da atividade de absorção e da seletividade em relação aos componentes agressivos do gás natural.

Utilizámos, em particular, a hexametilenotetramina (HMTA) como ativador. A composição activada foi obtida pela adição de um ativador a uma solução aquosa de DEA ou MDEA, variando a proporção dos componentes do absorvente composto.

Como resultado da adição de HMTA, os parâmetros físico-químicos das soluções de absorção de etanolaminas alteram-se significativamente.

Assim, ao compor uma composição de compostos doadores de electrões em solução, a eficiência do processo de purificação do gás natural é alcançada.

Quadro 3.2.1.

Composição do gás natural de Shurtan

Nome	Após a desmetanização	Gases para purificação	
		Moles, %	Peso, %
C_6H_{14}	2,179	0.00	0.00
Propano C_3H_8	5,590	0.00	0.00
Isobutano iso-C_4H_{10}	8,060	0.00	0.00
p-butano p-C_4H_{10}	9,740	0.00	0.00
Neopentano $C(CH_3)_4$	10,342	0.00	0.00
p-pentano p-C_5H_{12}	16,875	0.00	0.00
Iso-pentano	14,627	0.00	0.00
CO_2	3,770	0.05	0.14
Etano C_2H_6	4,277	1.51	2.78
H_2S		0.01	0.16
Nitrogénio	3,052	0.2	0.42
Metano CH_4	3.222	98.18	96.49
		100	100

Na Figura 3.2.1. é apresentado um diagrama tecnológico de uma instalação-piloto para a purificação de gás de amina [130].

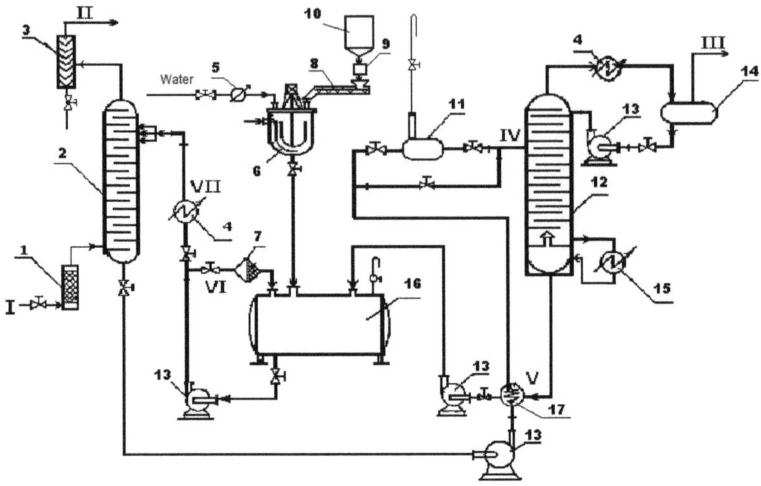

Fig.3.2.1. Diagrama tecnológico de uma instalação-piloto para a purificação de gás de amina.

O HMTA do armazém entra na tremonha (10), depois é pesado em balanças (9) e carregado na tremonha de alimentação por trado (8), de onde é alimentado a granel num reator com um agitador e aquecimento a vapor (6). A água doce é fornecida através de um medidor de caudal (5) ao misturador-reator (6), onde é preparada uma solução aquosa de HMTA. A solução aquosa acabada do ativador é fornecida ao recipiente (16) para a preparação do absorvente compósito. Uma solução aquosa de um absorvente composto feito de hexametilenotetramina e dietanolamina é preparada num recipiente (16). A solução acabada é fornecida a partir do recipiente (16) por uma bomba (13) para irrigar o absorvente (2). O gás de limpeza entra (fluxo I) no absorvente (2) através do filtro (1). O absorvente é saturado com componentes ácidos do gás natural, e o gás purificado é enviado através do separador (3) para os consumidores (fluxo II). Após a saturação, a solução absorvente composta é enviada para regeneração, através do permutador de calor (17) para evaporação preliminar no evaporador (11).

Os gases ácidos do evaporador (11) são enviados para processamento, o enxofre do gás é libertado e o absorvente é enviado para o dessorvedor (12), onde ocorre a sua regeneração final. Os gases de regeneração, através do refrigerador (4), entram no desgaseificador (14), onde o gás finalmente separado (fluxo III) é enviado para a tocha ou para separar o enxofre elementar do mesmo. Do cubo dessorvedor (12), o absorvente regenerado, através do condensador (17), entra no contentor (16) (fluxo V). A partir do contentor, o absorvente limpo é encaminhado por uma bomba (13) para o absorvedor (2) através do frigorífico (4). O circuito tem uma linha de circuito fechado (fluxo VI), um recipiente (16), uma bomba (13) e um filtro (7) para misturar a solução e a limpeza grosseira do absorvente.

Para estabelecer a objetividade dos cálculos teóricos acima referidos para determinar as caraterísticas cinéticas das etanolaminas e a sua composição nos processos de quimisorção de gases ácidos, a tabela reflecte os resultados práticos individuais obtidos numa instalação piloto de purificação de gás nas condições da USE "Shurtanneftegaz" ao purificar o gás natural utilizando etanolaminas e as suas composições.

Quadro 3.2.2.

Indicadores comparativos da purificação de gases de componentes ácidos com etanolaminas e suas composições

Caraterística indicadores de sorção de gases ácidos	Absorventes conhecidos de soluções aquosas a 25%		Proposta de absorventes compósitos para soluções aquosas a 25%	
	DEA	MDEA	DEA+HM TA 20+5	MDEA+HM TA 20+5
pH, solução aquosa	9.6	9.8	10.3	10.2
Capacidade de absorção, *mol/mole*	0.40-0.44	0.42-0.45	0.50-0.55	0.50-0.55
Seletividade para H_2S, CO_2, etc., %	95.5	96.8	97.9	98.3
Espumação *cm/min*	2.2	2.5	1.5	1.9
Tensão superficial, *dynes/cm*	68.86	68.92	70.80	70.87
Número de aminas	21.4	22.5	22.8	22.8
Caraterísticas de gás purificado $H_{(2)}S$, mg/m^3 CO_2,%	13-15 2.1	12-15 2.0	7-10 1.5	7-10 1.5

Os ensaios laboratoriais do absorvente resultante permitiram obter os seguintes resultados

resultados positivos para a purificação do gás natural de componentes ácidos:

- a capacidade de absorção da solução de trabalho para gases ácidos aumenta 1,1 vezes em comparação com a DEA e a MDEA;
- reduz a taxa de circulação da solução em 25-40% devido à maior densidade e ponto de ebulição dos sorventes;
- reduz a formação de espuma;
- Os mercaptanos são também parcialmente absorvidos;

- o consumo de vapor para a regeneração da solução de trabalho é reduzido.

O acima exposto também se correlaciona com os parâmetros acima referidos para a quimisorção destes gases.

Nas fábricas de processamento de gás do país (Mubarek, Shurtan), os gases de dióxido de enxofre são purificados utilizando uma solução aquosa de etanolaminas. A experiência de funcionamento destas instalações mostra que o custo da purificação por absorção do gás natural atinge 50% do custo do gás purificado. Ao mesmo tempo, as etanolaminas são fornecidas do estrangeiro em moeda estrangeira. Com o aumento da produção de gás natural, em regra, surgem grandes problemas com o aumento da capacidade da tecnologia de absorção-dessorção para a sua purificação com um grande volume de consumo de etanolamina. No entanto, existem oportunidades adicionais para cobrir as necessidades de absorventes, aumentando a sua capacidade de absorção de absorventes (etanolaminas) com a adição de agentes complexantes activadores, regulando eficazmente as propriedades de sorção da solução de absorção para gases ácidos, em resultado da qual se pode obter uma purificação de gás natural de alta qualidade. Apesar dos resultados reais estabelecidos sobre o aumento das taxas de absorção de gases ácidos por esses absorventes compostos, a química do processo de interação das etanolaminas com aditivos activadores e o mecanismo da sua influência na atividade de absorção de absorventes compostos para gases ácidos ainda não foram suficientemente estudados. Os problemas acima referidos exigem a formulação da questão do trabalho fundamental, que é objeto de investigação adicional.

A este respeito, é necessário desenvolver um novo método de obtenção de um absorvente aquando da escolha da sua composição qualitativa e quantitativa, que satisfaça os requisitos acima referidos. A escolha da composição qualitativa do é, em certa medida, decidida praticamente tanto no nosso país como no estrangeiro. Prova disso é a abundância de análogos de absorventes (principalmente aminas). Um protótipo específico do nosso método proposto para a produção de absorventes compostos é o método de produção do absorvente "Ukarsol" (EUA). Os autores não foram divulgados, mas a base da sua composição é a metildietanolamina (MDEA). No entanto, não conhecemos os aditivos activadores do "Ukarsol". Ao desenvolver a composição e o método para a produção de um absorvente composto, tivemos principalmente em conta os indicadores de elevado desempenho alcançados pelo "Ukarsol" na purificação de gases com elevado teor de enxofre:

- Capacidade de absorção de gases ácidos, mole/mole - 0.50
- Grau de purificação, % - 95.5
- Pureza do gás purificado, mg/m^3 - 18
- Temperatura de absorção, °C - 40
- Temperatura de dessorção, °C - 140
- Vida útil, horas - 800

As desvantagens do absorvente "Ukarsol" são

- vida útil limitada;

- espuma;

- capacidade de sorção limitada;

- perdas elevadas em condições dinâmicas especiais do processo de absorção;

- grau relativamente baixo de purificação do gás natural.

Em relação ao exposto, desenvolvemos um método para produzir um absorvente composto, em contraste com o protótipo com novos aditivos em DEA, que estão quimicamente associados aos componentes do absorvente (água, base absorvente, etc.)

Exemplo: Uma mistura de 5% de HMTA é adicionada a uma solução aquosa de DEA a 20% a 60°C e misturada num reator com um agitador durante 30 minutos. Depois de a solução passar pelo filtro, o absorvente é doseado numa unidade de absorção para purificar o gás natural de sulfureto de hidrogénio, dióxido de carbono e hidrocarbonetos leves individuais contendo enxofre. A solução de absorção composta resultante é caracterizada pelas seguintes propriedades físico-químicas:

- Densidade, (d_4^{20}), g/cm^3 -1.104 ;
- Teor de componentes activos, % - 25;
- pH da solução - 10.3;
- Viscosidade da solução (η), ***сПз*** - 2.16
- Condutividade eléctrica (**κ**),cm^{-1} -6.7 10-4 Ohm(-1

Os indicadores caraterísticos (operacionais), com ligeiros desvios, correspondem aos indicadores das soluções de absorção utilizadas na produção de purificação do gás natural.

Como se pode ver na Figura 4.2.2. a capacidade de absorção e a seletividade diferem significativamente do absorvente conhecido, ou seja, no sentido do seu aumento.

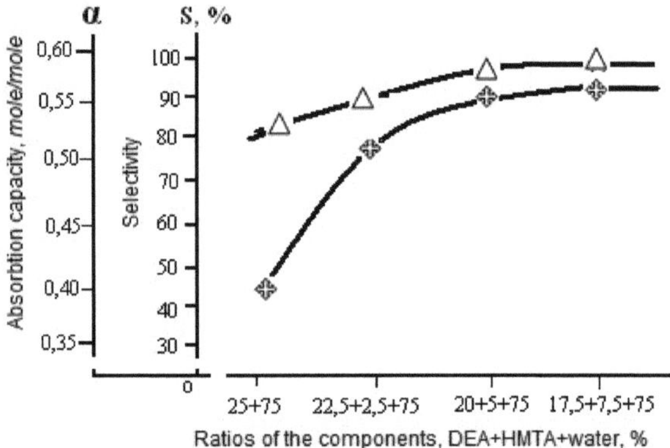

✥- capacidade de absorção, -seletividade△

3.2.2. Alterações nos índices de sorção (V e S) de componentes ácidos em diferentes proporções dos componentes do absorvente compósito.

As condições ideais para a absorção de componentes agressivos por um absorvente compósito instalado numa instalação laboratorial são

- temperatura de absorção, °C 35-45
- tempo de contacto do gás, seg 1.2-1.8
- temperatura de regeneração, °C 115-125

- capacidade de absorção, 0.50-0.55 mol/mole

- seletividade do absorvente, % 96-98

O grau de purificação é determinado pelo teor residual de H_2S no gás natural purificado (teor residual de H_2S -7-10 mg/m^3)

Assim, utilizando um absorvente compósito na purificação do gás natural a partir de componentes ácidos, consegue-se um aumento da capacidade de absorção da solução em 0,15 mole/mole e melhoram-se os parâmetros da solução (espumação moderada, viscosidade efectiva, etc.)[131].

De acordo com os dados preliminares obtidos em experiências de laboratório sobre a purificação de gases a partir de sulfureto de hidrogénio e dióxido de carbono utilizando um composto

foi estabelecido que a capacidade de absorção de gases ácidos aumentou em 0,1-0,15 mole/mole, a formação de espuma diminuiu comparativamente (h = 1,0-1,5 cm), o tempo de vida da espuma (0,5-1,0 seg., etc.), a pureza do gás purificado para o sulfureto de hidrogénio diminuiu numa ordem de grandeza -8 ppm, etc.

Assim, a obtenção de um absorvente compósito e o seu funcionamento através da tecnologia de depuração de gases permitiram obter resultados relativamente positivos, o que tem um efeito socioeconómico significativo.

3.3. Otimização do processo de purificação do gás utilizando um absorvente

As condições óptimas para o processo de limpeza do gás natural de componentes agressivos foram determinadas utilizando o método de planeamento de experiências matemáticas Box-Wilson.

Tabela.3.3.1.

Níveis e gama de variação dos factores que determinam as condições óptimas de absorção com um absorvente compósito

Factores	Níveis			Intervalo de variação
	-1	0	1	
X_1	16	18	20	2
X_2	3	4	5	1
X_3	20	30	40	10
X_4	50	55	60	5

em que X_1 é o teor percentual de DEA;

X_2 - Teor em % de HMTA;

X_3 - temperatura, *°C*;

X_4 - pressão, *atm*.

Para obter a otimização das condições de absorção do H_2S e do CO_2, foram utilizadas as meias réplicas 2^{4-1} da experiência fatorial completa 2^4, especificadas pela

relação de geração:

$X_4 = X_1X_2X_3$

As regularidades do processo decorrentes das alterações de vários factores foram determinadas numa instalação-modelo, que reproduz fundamentalmente o esquema e
princípio de funcionamento da tecnologia industrial.

Os intervalos de variação dos factores são obtidos a partir dos valores acima determinados
padrões. Com base nestes resultados experimentais, foi obtido um modelo matemático do processo:

$$Y = 0,45 + 0,04X_1 + 0,05X_2 - 0,02X_3 + 0,03X_4 \quad (1)$$

Tabela.3.3.2

Matriz de planeamento e resultados experimentais

Número de experiências	X_1 tou peira	X_2 tou peira	X_3 tou peira	X_4 tou peira	Y_1 %	Y_2 %	Ysr %
1.	-	-	-	-	0.33	0.35	0.34
2.	+	-	+	-	0.38	0.42	0.40
3.	-	-	+	+	0.39	0.37	0.38

4.	-	+	-	+	0.4 9	0.53	0.51
5.	+	+	-	-	0.5 4	0.52	0.53
6.	-	+	+	-	0.5 0	0.48	0.49
7.	+	-	-	+	0.4 3	0.41	0.42
8.	+	+	+	+	0.2 6	0.54	0.55

Os resultados da análise estática são apresentados no quadro 3.3.2. A homogeneidade da variância foi verificada através do teste de Cochran.

$$G_{on} = \frac{S_i^2 \max}{\sum_{i=1}^{N} S_i^2} = \frac{0,0008}{0,0028} = 0,2857$$

em que G é o critério de Cochran

S_i^2max- dispersão máxima;

$\sum_{i=1}^{N} S_i^2$- soma dos coeficientes de dispersão

G_{tabela}=0,68

Uma vez que $G_{оп}$< $G_{табл.}$, a dispersão é homogénea.

A variância média da reprodutibilidade foi calculada utilizando a fórmula [132,133]:

$$S^2_{\{y\}} = \frac{\sum_{i=1}^{N} S_i^2}{N} = \frac{0,0028}{3} = 0,00093$$

onde N - o número de experiências.

Tabela.3.3.3.

Resultados da análise estática

Número de experiências	Y_{cp}	ΔY	ΔY^2	S_i^2	Y_p	Y_p-Y_{cp}	$(Y_p$-$Y_{cp})^2$
1.	0.34	0.01	0.0001	0.0002	0.33	0.01	0.0001
2.	0.40	0.02	0.0004	0.0008	0.39	0.01	0.0001
3.	0.38	0.01	0.0001	0.0002	0.37	0.01	0.0001
4.	0.51	0.02	0.0004	0.0008	0.49	0.02	0.0004
5.	0.53	0.01	0.0001	0.0002	0.52	0.01	0.0001
6.	0.49	0.01	0.0001	0.0002	0.47	0.02	0.0004

7.	0.42	0.01	0.0001	0.0002	0.41	0.01	0.0001
8.	0.56	0.01	0.0001	0.0002	0.55	0.01	0.0001
$\sum_{i=1}^{N} S_i^2 = 0,0028$							$\Sigma = 0,0014$

Tabela.3.3.3.

Resultados da análise estática

Número de experiências	Y_{cp}	ΔY	ΔY^2	S_i^2	Y_p	Y_p-Y_{cp}	$(Y_p$-$Y_{cp})^2$
1.	0.34	0.01	0.0001	0.0002	0.33	0.01	0.0001
2.	0.40	0.02	0.0004	0.0008	0.39	0.01	0.0001
3.	0.38	0.01	0.0001	0.0002	0.37	0.01	0.0001
4.	0.51	0.02	0.0004	0.0008	0.49	0.02	0.0004
5.	0.53	0.01	0.0001	0.0002	0.52	0.01	0.0001
6.	0.49	0.01	0.0001	0.0002	0.47	0.02	0.0004
7.	0.42	0.01	0.0001	0.0002	0.41	0.01	0.0001
8.	0.56	0.01	0.0001	0.0002	0.55	0.01	0.0001

$\sum_{i=1}^{N} S_i^2 = 0{,}0028$	$\Sigma = 0{,}0014$

A variância da adequação foi calculada através da fórmula:

$$S_{a\partial}^2 = \frac{2\sum_{i=1}^{N}\left(Y_p - Y_{cp}\right)^2}{f} = \frac{2 \cdot 0{,}0014}{3} = 0{,}00093$$

em que f - o número de graus de liberdade

f = N - (K+1)= 8 - (4 + 1) = 3

em que N - o número de experiências

K - número de factores

Com base nos valores da variância da reprodutibilidade e da adequação, o coeficiente de Fisher foi calculado utilizando a fórmula:

$$F_{on} = \frac{S_{a\partial}^2}{S_{\{y\}}^2} = \frac{0{,}00093}{0{,}00093} = 1$$

$F_{on}(3.8) = 4.1$

Uma vez que $F_{on} < F_{tabl}$, o modelo é adequado.

A significância dos coeficientes foi determinada através da construção de um intervalo de confiança utilizando a fórmula:

$$\Delta b_i = \pm t \cdot S_{\{b_i\}} \qquad (2)$$

onde t - o valor de tabela do critério de Stewart.

No nosso exemplo, t = 2,306.

$S_{\{b_i\}}$ - variância do coeficiente de regressão, que é determinada pela fórmula:

$$S^2_{\{b_i\}} = \frac{S^2_{\{y\}}}{N} = \frac{0,00093}{8} = 0,00012$$

$$S_{\{b_i\}} = \sqrt{S^2_{\{b_i\}}} = \sqrt{0,00012} = 0,0011$$

Substituindo o valor numérico na equação (2), obtém-se

Δ $b_i = 2,306 \cdot 0,011 = 0,02536$

Da comparação do intervalo de confiança com os coeficientes de regressão da equação (1), conclui-se que o valor do parâmetro de otimização afecta os factores X_1, X_2 e X_4 e que são significativos (X> 0,02536).

A fase seguinte da otimização consistiu numa subida acentuada ao longo da superfície de resposta, que foi realizada de acordo com três factores principais - X_1, X_2 e X4 [132,133].

Tabela.3.3.4.

Subida mais acentuada

	X(1)	X(2)	X(4)	Y_{on}	Y_p
bi	0.04	0.05	0.03		
Ji	2	1	5		
$b_i \times J_i$	0.08	0.05	1.15		
Passo	0.1	0.10	0.20		
Arredondado	0.1	0.1	0.2		
Nível principal	18	4	55		
Experiência: 9	18.1	4.1	55.2	0.421	0.465

10	18.2	4.2	55.4		

Na tabela 3.3.4. são apresentados os gradientes dos componentes, o degrau e as experiências de subida íngreme obtidas adicionando o degrau selecionado ao nível zero.

Substituindo os valores numéricos dos coeficientes X_1, X_2 e X_4 na equação (1), calculámos o teor calculado da substância principal nas condições da experiência 10, que corresponde a 72,2%; nestas condições, foram obtidos experimentalmente 60,3%. Do que precede resulta o seguinte:

- para qualquer gama de valores funcionais variáveis, os dados experimentais do processo correspondem aos calculados;

- o modelo dado - equações de otimização para o processo de purificação de gás com um absorvente composto será válido para quaisquer valores de concentração do ativador HMTA.

A fim de dar pleno cumprimento a estes resultados laboratoriais, consideramos necessário ilustrar o esquema tecnológico básico de purificação do gás natural das soluções DEA na USE "Shurtanneftegaz".

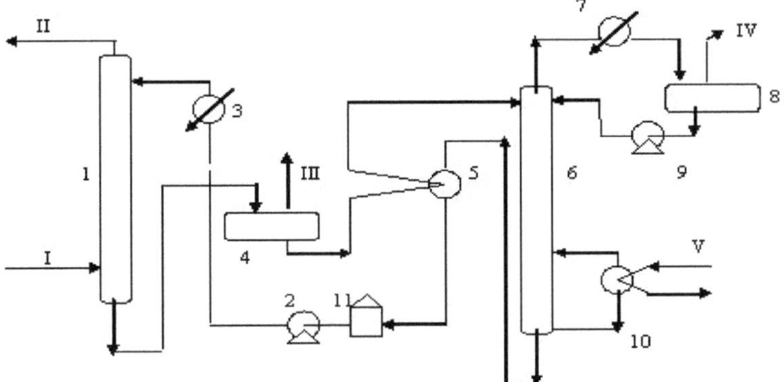

I - gás bruto, II - gás purificado, III - gás do expansor, IV - gases ácidos, V - vapor de água. 1 - absorvedor, 2,9 - bombas, 3,7 - frigoríficos, 4 - expansor, 5 - permutador de calor, 6 - dessorvedor, 8 - separador, 10 - caldeira, 11 - recipiente para solução de alcanolamina.

Fig. 3.3.1. Diagrama de fluxo esquemático da purificação de gás com solução de dietanolamina na USE "Shurtanneftegaz".

A seleção eficaz do absorvente no processo de purificação do gás natural ou quando se utiliza uma solução de absorção combinada pode reduzir tanto a quantidade de solução de amina em circulação como a carga térmica no dessorvedor (6). A concentração óptima da solução de absorção é um fator decisivo para intensificar o processo de sorção de componentes agressivos no absorvedor (1) e a purificação do gás como um todo. A natureza multifatorial da tecnologia em consideração deve-se ao de o processo ocorrer sob um regime rígido num sistema disperso de gás-líquido. Durante a purificação por absorção do gás natural, a fase dispersa e o meio disperso em solução de amina são solvatados por contacto difusivo com a pressão parcial adequada. Neste caso, ocorre a quimissorção do ácido gases: forma-se um sal de amina quaternária de etanolamina com sulfureto de hidrogénio. Além disso, juntamente com o gás, várias impurezas do processo entram na unidade de dessulfurização (Fig. 3.3.1.): (condensado de hidrocarbonetos, produtos de corrosão e inibidores de corrosão; Tabela 3.3.5.).

Quadro 3.3.5.

Composição do gás natural bruto fornecido à purificação de aminas

Composição	CH_4	C_2H_6	C_3H_8	C_4H_{10}	C_5H_{12}	CO_2	H_2S	N_2	C_{6+}	Inibidor
Mole %	89.93	4.11	0.93	0.42	0.17	3.38	0.06	0.73	0.35	0.15

A uma temperatura do gás natural bruto de 39-40°C, os condensados de hidrocarbonetos condensam menos e não são separados no separador (2), acumulando-se na solução de trabalho DEA (hidrocarbonetos pesados até 6,8 mg/l). Este facto interfere com o processo de absorção e dessorção da solução de trabalho.

Por conseguinte, para reduzir a entrada de condensados de hidrocarbonetos, vapor de água de formação, inibidores de corrosão de poços e condutas na solução de trabalho na estação de tratamento de aminas, a temperatura do gás natural bruto fornecido à estação utilizando permutadores de calor de água foi reduzida para 32°C.

O esquema tecnológico apresentado é o mais próximo possível dos utilizados nos processos de purificação de gás nas instalações de processamento de gás. A descrição do seu funcionamento é dada nos regulamentos actuais do processo, pelo que não os descreveremos aqui.

Consideramos oportuno recordar a unidade tecnológica de preparação do aditivo ativador do circuito, que está descrita no texto desta dissertação na página 52, § 2.3.4. (Tecnologia de produção de absorventes compósitos).

Isto é necessário para uma compreensão completa dos cálculos de otimização e a correspondência dos seus dados com os resultados naturais da produção de purificação de gás natural.

CAPÍTULO IV. DESENVOLVIMENTO DE NTD E TPP PARA O PROCESSO DE PURIFICAÇÃO DE GÁS COM ABSORVENTE COMPÓSITO

Para o desenvolvimento industrial piloto da tecnologia de purificação de gás natural a partir de componentes ácidos, foram desenvolvidos regulamentos tecnológicos para a produção contínua do ativador HMTA e regulamentos para o processo de purificação de gás natural com um absorvente composto. Estes regulamentos foram transferidos para as organizações interessadas, após o desenvolvimento de especificações técnicas adequadas para a realização de trabalhos organizacionais sobre o desenvolvimento destas tecnologias (ver anexos 1, 2 e 3.).

Uma vez que, na tecnologia de purificação de gás natural, um absorvente composto com um ativador HMTA é utilizado pela primeira vez, é de interesse determinar a eficácia desta medida tecnológica. A este respeito, consideraremos a seguir os cálculos dos indicadores técnicos e económicos dos desenvolvimentos acima referidos.

Balanço material do processo. Tendo em conta as condições óptimas de funcionamento estabelecidas para o absorvente compósito e a sua composição DEA:HMTA:água=20:5:75, foram calculadas as taxas de consumo dos componentes para os volumes correspondentes de gás purificado de 70.000 m^3/hora (Tabela 4.1) que entram na unidade de aminas da USE "Shurtanneftegaz".

Os cálculos para o absorvente composto são um complemento aos regulamentos para o processo de purificação de gás amina adoptados pelo

SJSC "Uzneftgazdobycha" em 2005. Os principais indicadores foram retirados da instalação existente da USE "Shurtanneftegaz".

Tabela 4.1.

Taxas de consumo de componentes absorventes compostos

Nã o.	Nomeação de componentes	Especificações técnicas	Unidade de medida	Consumo	
				anual	A 1000 nm^3 gás purificado
1.	Dietanolamina (DEA)	técnico	T	20	1.02 x 10-4
2.	Hexametilenotetramina SS 1384-8	98%	T	5	
3.	Carvão ativado	SS 20464-75	T	1	1.53 x 10-5
4.	Antiespumante	Emulsão aquosa KE-10-12: K%	kg	150	
5.	Eletricidade	380 V.	Milhares kWh	51.50 32.80	7.7x10-3 4.46 x 10-3
6.	Vapor saturado	P=0,06 MPa	MPa	2.30	3.25 x 10-4
7.	Água de retorno	T=30$^{(0)}$C T=12$^{(0)}$C	m^3	75	2.83 x 10-3

Para além dos custos acima referidos, o custo de uma fábrica de aminas inclui os custos de aquisição de aparelhos, equipamento de comunicação, contentores, etc. Uma vez que para a tecnologia de purificação de gás natural desenvolvida o absorvente composto é uma planta piloto, neste caso a seleção e seleção de equipamento é feita para um fio do esquema tecnológico. Por isso, abaixo fornecemos uma lista de nomes de equipamentos para a configuração de uma instalação industrial piloto para purificação de gás natural com um absorvente compósito (Tabela 4.2.).

Tabela 4.2.

Lista dos equipamentos da unidade tecnológica de preparação da solução de HMTA e respetivo modo de funcionamento para o ciclo tecnológico de dosagem da solução no sistema de depuração de gás amina

№	Nome do equipamento e respectiva marca	Marca de instalação para unidade técnica	A necessidade do aparelho, PC.	Objetivo do dispositivo de acordo com a unidade tecnológica e condições de funcionamento	Certificado final do material produzido pelo aparelho (físico-químico propriedades)	Preço unitário * do equipamento, mil soums
1.	Mernik (standard), volume de trabalho - 3 m^3	No terceiro nível do viaduto	2	Para normalização e fornecimento de 40% de amoníaco solução e 37% formaldeído	$NH_4O_{(n)H(2)}O$ solução aquosa a 40% com $d_4^{20} = 1.084 см^3$, $R_{n.p}$=85000 Pa. CH_2OnH_2O -37% solução aquosa: $d_4^{20} = 1.042 см^3$	5000
2.	Misturador (não normalizado) para 6 m^3	No segundo nível do viaduto	1	Para misturar a reação mistura	Mistura de reação-solução aquosa $d_4^{20} = 1.092 см^3$	3000

3.	Bomba 2КЦ-2, 2 m^3/h	No segundo nível do viaduto	2	Para fazer circular a reação solução	Mistura de reação-solução aquosa $d_4^{20} = 1.092 см^3$	400
4.	Cristalizador (volume 10 m^3)	À cota 0.00	1	Para a cristalização do HMTA	Solução aquosa de HMTA	1500
5.	Secador com jactos de ar quente, tipo de ciclo 5 m^3/h	À cota 0.00	1	Para isolar o HMTA	HMTA (produto pronto) $d_{насып}^{20} = 910 кг/м^3$; $\delta_{0,5\%}^{20} = 64,8 н/м$	4500
6.	Balanças	0.00 m	1	Pesagem de HMTA. Produzida manualmente 2 a 3 vezes por dia, a HMTA é carregada na tremonha do sem-fim	HMTA 96%, $d_4^{20} = 1,104$, $n_D^{20} = 1,4827$	500
7.	Alimentador de sem-fim	5.00 m	1	O HMTA é alimentado moderadamente no misturador	HMTA 96%, $d_4^{20} = 1,104$, $n_D^{20} = 1,4827$	2000

8.	Misturador	3.00 m	1	Preparação de uma solução aquosa a 25% de HMTA.	Solução aquosa de HMTA	3000
9.	Medidor de caudal	1.50 m	2	O consumo do solução aquosa de HMTA fornecida ao sistema é registado.	Solução móvel	600
10.	Recipiente para solução aquosa de HMTA (não normalizado)	0.00 m	2	Para armazenar um produto aquoso solução em condições normais	Líquido 40-45$^{(0)}$C	3000
11.	Bomba 2КЦ -3	0.00 m	2	Dosear uma solução aquosa de DEA a 20% no sistema de purificação de aminegas.	Solução pH 9,2-11,0 40-45$^{(0)}$C	500

*Nota: Devido ao comportamento variável da espuma em equipamentos não normalizados, os preços apresentados são apenas indicativos.

Tabela 4.3.

Cálculo do custo de 1 tonelada de solução aquosa a 25% de um composto absorvente

№	Rubricas de despesas	Unidade.	Preço mil soums	Número de materiais, etc.	Soma mil soums
1.	Matérias-primas				
	DEA	T.	2141.3	0.20	428.2
	HMTA	T.	1570.4	0.05	78.8
	Água	T.	0.076	0.75	0.57
2.	Custos energéticos				
	Eletricidade	kW/h	0.042	4	0.17
	Vapor	T.	47	0.3	14.1
3.	Produção custos				
	Salário	Pessoas/hora	1.0	5	4.5
	Depreciação	0,7 do custo			16.8
4.	Despesas da loja	20% do § 3			4.36
5.	Custos de fábrica	25% do § 4			1.10
	Total				548.6

O preço dos bens foi considerado como preço inicial no início de 2008 em todos os tipos de preços utilizando a moeda "soma". Como se pode ver nos resultados do quadro 4.3., o custo do absorvente compósito é estimado em 548,6 somas. No entanto, de acordo com os regulamentos para a instalação da purificação de aminas, os custos adicionais da unidade de processamento de gás devem ser incluídos no custo de fábrica da unidade de processamento de gás "Shurtanneftegaz". Os coeficientes de despesas individuais (comerciais, IVA, etc.) não são tidos em conta aqui.

Controlo da produção. Um item adicional controlado na produção é a análise da concentração de uma solução aquosa com HMTA ao recolher 5 amostras uma vez por turno, efectuada por um operador e analisada por um assistente de laboratório de acordo com a norma SS 1381-83.

Condução segura do processo na presença de HMTA. Ao trabalhar com HMTA, do ponto de vista da segurança, os trabalhadores podem desenvolver eczema sem proteção adequada.

As regras para um funcionamento fiável e sem problemas da instalação são as mesmas que as indicadas nos regulamentos principais.

Os principais meios de proteção são os aventais de borracha, as luvas de borracha e, em casos especiais, a utilização de uma máscara de gás. Ventilação de fluxo eficaz.

Tratamento de urgência. Em caso de dermatite aguda e exacerbação do eczema, a vítima é hospitalizada.

Para a queratodermia, são utilizadas pomadas e pastas esfoliantes e queratométricas.

Composição da pomada:

Ácido salicílico - 5 - 10%

Resorcinol - 4 - 10%

Naftol - 5 - 20%

Utilizam sabão verde, terapia reparadora, grandes doses de vitamina A_2, etc.

As justificações científicas e técnicas acima referidas constituem a base para o cálculo dos indicadores técnicos e económicos deste desenvolvimento. Além disso, a eficiência socioeconómica do desenvolvimento é composta pelos seguintes indicadores

- a vida útil da solução de absorção é prolongada;

- as propriedades da solução de DEA com HMTA são melhoradas (redução da viscosidade e da formação de espuma, aumento da capacidade de absorção, etc.);

- a produtividade do absorvedor aumenta e o processo de dessorção de gases ácidos no dessorvedor melhora;

- o grau de corrosão dos equipamentos metálicos devido ao efeito principal da solução de amina sobre eles é reduzido.

Ao mesmo tempo, mostraremos alguns indicadores da vantagem da tecnologia aplicada utilizando o ativador HMTA numa solução DEA.

Tendo em conta os principais resultados da investigação sobre a substituição do DEA pelo absorvente compósito DEA + HMTA, foram alcançados os seguintes indicadores positivos na tecnologia de purificação do gás natural:

- aumento da seletividade do sulfureto de hidrogénio em 1,15 vezes (ou seja, a seletividade da DEA é de 89,4% e a seletividade do absorvente composto é de 96-98%);

- aumento da vida útil em 1,25 vezes (a DEA funciona durante 2 anos e as composições durante 2,5 anos);

- redução das perdas em 1,5 vezes (perda de solução DEA 25-30 toneladas/ano, e perda de uma solução absorvente composta - 10-15 toneladas/ano).

Apresentamos um cálculo dos indicadores técnicos e económicos deste desenvolvimento. Com o mesmo consumo anual de DEA e absorvente compósito de 200 toneladas/volume total da instalação, tendo em conta as perdas, os custos totais podem ser os seguintes

1. ,$V_{DEA} = 200 \cdot 2\frac{20}{200} + 200 = 240t$

em que: 20 t/ano de perdas - DEA, 2 - ano de serviço de uma solução DEA a 20%;

2. ,$C_{DEA} = 240 \cdot 577650 = 138636000 sums$

em que: preço da solução DEA a 25% = 577650 soma..,

C_{DEA} - custo total de 25% da solução de trabalho, no total;

3. ,$V_c = 200 \cdot 2{,}5\frac{10}{200} + 200 = 225t$

em que: 10 t/a é a perda do absorvente composto, 2,5 é o ano de serviço da sua solução a 25%.

4. ,$C_{c.a.} = 225 \cdot 548600 = 123300000 sums$

sendo: preço da solução composta a 25% = 548 600 somas,

$C_{c.a.}$ - custo total de 25% da solução composta, em soma.

No entanto, a solução de trabalho DEA funciona durante 2 anos, e com absorventes compostos a solução funciona durante 2,5 g. Tendo em conta o coeficiente de crescimento: $\frac{2,5}{2} = 1{,}25$ Pode calcular os custos se utilizar uma solução DEA durante 2,5 anos, ou seja

G=240· 1,25 = 300,0 t, que custa:

C_{DEA}=300,0· 577650 = 173295000 somas.

Assim, a eficiência económica estimada para 2,5 anos de serviço da solução composta juntamente com 25% de DEA é estimada:

$E_{e.e.}$= 173295000 - 123300000 = 49995000 somas. (preços em 1 de abril de 2019).

LISTA DAS FONTES UTILIZADAS

1. Кисленько Н.Н., Алексеев С.З., Степанюк В.А. Прибыль в два раза выше. Газопереработки в России состояние и перспективы развития.// Нефтегазовая вертикаль.-Москва, 1998. № 1.-С.60-62.
2. Азамов А.С. Резервы и возможности развития нефтегазового ком-плекса Республики Узбекистан // "Узбекистон нефт ва газ"-Ташкент, 2000. № 4 С. 4-5.
3. Мурин В.И., Кисленко Н.Н. Перспективы переработки природных га-зов. Повышение эффективности процессов переработки газов и газо-вого конденсата. Сб.научных трудов - .:ВИНИГАЗ.-1995., С.3-6.
4. Кемпбел Д.М. Очистка и переработка природных газов.-М.: Недра, 1977. - 350 с.
5. Бекиров Т.М. Первичная переработка природных газов. -М.: Химия, 1987, 256 с.
6. Айвазов Б.В. Физико-химические контакты сероорганических соеди-нений. -М.: Химия, 1964. 136 с.
7. С.Ф.Гудков, Ф.Н.Пехота, Е.Н.Туревский и др. Технический прогресс в области очистки природного газа и сжиженных углеводородных га-зов от сероорганических соединений// - М.: ВНИИЭгазпром, 1975.- 64 с.
8. Справочник азотчика. - М.: Химия, 1986.-341 с.
9. Балыбердина И.Т. Физические методы переработки и использование газа.-Москва: Недра, 1988.-248 с.
10. Справочник Современных процессов переработки газов // Нефт, газ и нефтехимия за рубежом.- Москва, 1988.-№4-С.102-122.
11. Очистка газа от сернистых соединений с использованием различных абсорбентов (раздел II). Энергосберегаюшие технологии при перера-ботке газа и газового конденсата.Аналитич.альбом. Под ред. А.И.Гриценко.-М.:ВНИИгаз.-1996. С.27-49.
12. Методические указания по нормированию расходов аминов в процес-сах сероочистки газов. ВНИИГазпром.-Москва, 1990.124 с.
13. Лебедев Н.Н. Химия и технология основного органиче¬ского и нефте-химического синтеза.- Москва, Химия, 1981. - 605 с.

14. Афанасьев А.И. Применение МДЭА для очистки природного газа // Газовая промышленность.-Москва, 1986 г. № 4 С.20.

15. Фахриев А.М., Фахриев Р.А. Способ очистки природного газа от се-роводорода Пат. 2179475 Россия, МПК7 В 01 D53/4 ГУП ВНИИ уг-леводород сырья. № 98104523/12; 2002.

16. Очистка природного газа алканоламинами от сероводорода, диоксида углерода и других примесей / Алексев С.З., Афанасьев А.И., Кис-ленько Н.Н., Каренов К.Д. - М.: ИРЦ Газпром.1999. 42 с.

17. Грунвальд В.А. Технология газовой серы.- Москва: Химия, 1992.-292 с.

18. Аброев Б.О., Исматов Д.Н., Алимов А.А. Очистка сырого газа на аминовой установке ШГХК путём замены рабочего раствора ДЭА на МДЭА// Труды научно-технической конференции "ТКТИ-2005" Том 1. -Ташкент, 2005 С. 26-28.

19. В.М.Стрючков, А.И.Афанасев, Ю.Ф.Вышеславцев Научно-технические достижения в области сероочистки газа. Обз.информ.Сер.:Подготовка и переработка газа и газового конденсата.-Вып.6.-М.:ВНИИЭгазпром.1988.-30 с.

20. Бекиров Т.М. Промысловая и заводская обработка при¬родных и нефтяных газов. -Москва: Недра, 1980. - С. 124-145.

21. Афанасьев А.И. Повышение эффективности абсорбцион¬ных процессов сероочистки газов. // Газовая промышленность.-1996.-№5.-С.52-53.

22. Технология переработки сернистого природного газа. правочник. А.И.Афанасьев, В.М.Стрючков и др.-М.:Нерда.-1993.-153 с.

23. Kohl A.L., Riesenfe1d F.C. Cas Purification,, 4th Ed. -Houston: Gulf Pub-lishing. - 1985. - 427 p.

24. Дубальская Э.Н. Очистка отходящих газов.-Москва: ПИК ВИНИТИ, 1991.-100 с.

25. Очистка технологических газов. Под ред. Т.А.Семеновой, И.Л.Лейтеса.- М.: Химия, 1977.-488 с.

26. O sistema de inibição da corrosão passa o teste mais severo na fábrica Princess MEA da Chevron/ H.A.Wong, R.Kohler, A.J.Kosseim et ai.// Oil & Gas.-1985.- V.83.- №45.-P.100-108.

27. Технический прогресс в области очистки природного газа и сжижен-ных углеводородов от сераорганических соединений /

Гудков С.Ф., Пехота Ф.М., Туревский Е.Н. и др.; под ред. С.Ф.Гудкова -М.: ВНИИЭНГазпром, 1975.-578 с.Проблемный информационный сборник постоянная рубрика. Про-грессивная техника и технология. " Методы очистки природного газа справочно-информационное обслуживание. ВНИИГАЗПРОМ вы-пуск № 2. - Москва. 1988 г. 18 С.

28. Sigmund P.W., Butwell K.F., WusslerA.J./ O processo HS remove o H2S de forma selectiva// Hydrocarbon Processing.-1981.-V.60.-№ 5.-P.118-124

29. Riesenfeld F.C., Brocjff J.C. Etanolaminas terciárias mais económicas para a remoção de H2S e CO2 // Oil & Gas J.-1986-V.84.-№39.-p.61-65

30. Измайлов Н.А. Электрохимия растворов. -Москва: Химия, 1976.-488 с.

31. Мирзаев А.Г. "Узбекистоннинг Бухоро-Карши худудидан газ казиб олинадиган корхоналарда газларнинг сифатини ошириш муаммолари тугрисида//БухООЕСИ, магстрларнинг икккинчи анжумани тезислари. Бухоро., 2002. с.12.

32. Современная тенденция и развитие технологии переработки газа. Со-гомонянц А.А., Борисенко Е.К., Карпенко Г.М. и др.; под ред. А.А. Согомонянца.- М. ВНИИЭНГ, 1977. - 274 с.

33. Гауптман З., Грефе Ю., Ремане Х. Органическая химия Москва. Хи-мия, 1979. - 550 с.

34. Ouwerkerk C. "Design for Selective H2S Absorption". Processamento de Hurocarbonetos. Vol. 57 № 4 abril 1978. P. 89.

35. Kennard M.L., Meisen A. Controlar a degradação do DEA. Processamento de hidrocarbonetos.-1980.-V.60.- № 4- P.103-106

36. Blanc C., Elgue J., Lalleman F. O processo MDEA seleciona o H2S. Hydrocarbon Processing.-1981.-V.60.- 8- P.111-116

37. 44. Переработка газа и газового конденсата / Стрючков В.М., Announced Аписанен А.А., Бахишен Д.И. и др.-М. ВНИИЭГАЗПРОМ.-М.: 1977. № 8 с.16-20.

38. Астарита Дж. Массопередача с химической реакцией.- Ленинград: Химия.-1971.-224 с.

39. Astarita G. Savage D.W., Bisio A. Gas Nreating with Chemical Solvents.-New York: Wiley,1985.-342 p.

40. Отчет о НИР "Исследовать и разработать процесс. Очистки природ-ного газа от соединений серы с применением нового абсорбента на основе модифицированного алканоламина", Гос.регистр. 01890 062676 Баку. ВНИПИГАЗ.-М.:1991 68 с.

41. Очистка газов от сернистых соединений при эксплуатации газовых месторождений / Грищенко А.Н., Галанин И.А., Зиновьева Л.М., Му-рин В.И. - М.: Недра, 1980.- 268 с

42. Институт Химии Ан.РУз., Отчет о НИР "Процессы газопереработки и химического превращения газоконденсата". Гос.регистр. 01.91. 0040686.- Ташкент. 1982 г. 47 с.

43. Присчанов Г.П., Кравец П.Д. Исследование комплексных абсорбен-тов. // Нефтяная, газовая и угольная промышленность.- Москва, 1981.-№ 14.- с.32-34

44. Rosati D. e Weiszmann J.A. "UOP Butaner process", Handbook of Pe-troleum Refining Processes, Robert A., Meyers Ed. McGraw- Hill Book Co, New-York.-4. 1986 y. 348 p.

45. Butwell K.F., Kubek D.J., Sigmund P.W. Alkanolamine treating.// Hydro-cfrbon Prosesing.-V.61.- № 3 - P. 108-116

46. Салимов З.С., Батаев В.В. Повышение эффективности адсорбционной очистки газовых выбросов. - Ташкент: Фан, 1992. 96 с.

47. Ильин В.Г., Неймарк И.Е., Растрененко А.И. Сборник цеолиты, их синтез, свойства и применение - М.: Наука, 1965. - 185 с.

48. О вторичном использовании цеолитов / А.Л.Халиф, В.В.Сайкин, В.С.Цыбулькина, З.А.Набутовский.- М.: ВНИИЭгазпром, 1992.- С.5-10.

49. Адсорбционная очистка природного газа от сернистых соединений / Кузьменко Н.М., Афанасьев Ю.М., Фролов Г.С., Глупанов В.Н.-М.: ЦИНТИХИМНЕФТМАШ, 1987, - 39 с.

50. Мурин В.И. Основы переработки природного газа и конденсата Часть 1.- Ленинград, Химия, 2002. 517 с.

51. Бучинев В.В. Об использовании активированного метилдиэтанолами-на // Сборник тезисов и докладов научно практической конференции «Современные способы очистки газов от сероводорода и диоксида углерода».- Нижегород., 2001.С.96-98

52. Лаврентьев И.А. Анализ применения новых абсорбентов в процессах абсорбционной очистки технологических и природных газов от серо-водорода и диоксида углерода. Сборник тезисов и докладов научно практической конференции "Современные способы очистки газов от сероводорода и диоксида углерода".- Нижегород. 2001.С.12-14

53. Chudrinski G.R. e Wichtrt S. "Commercial txperience with Flexsord Se. absorbent" paper. 58 l Reunião da Alcrt. Housten. Aprel 9.1986 y.

54. Анисонян А.А., Мурзин В.И. Очистка малосернистого газа с высоким содержанием СО2 от H2S раствором карбоната калия. - М.: ЦНЯИТ-ЭНефтехим, 1987.- 46 С.

55. Isaacs E.E., Mather A.E., Otto F.D. Solubilidade de sulfeto de hidrogênio a. Dióxido de carbono em solução aquosa de diisopropilamina. J. Chem. Engng. Data-1977.-V.23.-№ 22.-P.71-76.

56. Способ очистки и осушки природного и попутного нефтяного газов с высоким содержанием сероводорода и устройства для его осуществ-ления / Дабриян Р.В., Передельский В.А., Спиридович Е.А., Обмелю-хин Ю.А. Заявка 2000107466/04 Россия, МКИ7 с 10 L3/10. Дочернее ОАО "Гипрогазцентр", 2001

57. Селективная очистка попутных нефтяных газов от сероводорода / Солех А.И.Ш., Юркиев Н.И., Диднко В.Г., Остроухов С.Б. "Город, экология, строительство" Прогр., доклад и сообщения международ-ных конференция-семинар,- Каир Египет, 1999 с.10-17,

58. Селективная очистка природного и попутных нефтяных газов от се-роводорода // Доклад и сообщения международных конференция-семинар. Юркиев Н.И., Диднко В.Г., Остроухов С.Б. и др. В.: ВолгГАСА, 1999. с.70-71,

59. Стрючков В.М., Подлетав, В.Ю. Николаев В.И. О целесоообразности применения диэтаноламина для очистки природного газа от H2S и CO2 на Мубарекском ГПЗ. методичекий указател - М: ВИНИЭГаз-пром.-1987. 158 с.

60. Настека В.И., Биенко А.А., Гилязетдинов Л.П. Оренбургский ГПЗ: Испытания технологии экстракцион¬ной очистки водных растворов аминов. // Газовая промышленность. -Москва, 1992. - №12. -С. 19-20.

61. Shelian V., Smith R.F. Hydraulic-flow effect on amine plant corrosion// Oil & Gas J.-1984.-V.82.- № 47.-P.138-140

62. Byesada J.J., et al., "New gas-sweetening solvtnt hroves successful in for field trials" Oil and Gas" J., Vol. 83 № 23. 10 de junho. 1985 y. P.P. 144-146.

63. Augsten D.M., RochelleG.T. Chen C.C. Mobel of Vapour-Liquid Equilib-ria for Aqueous Acid - Alkanolamine Systems. 2. representação da solubilidade de H2S e CO2 em misturas aquosas de MDEA e CO2 em misturas aquosas de MDEA com MEA ou DEA//Ind.Engng.Chem. Research. - 1991. -V.30-P.543-555.

64. Феркель Е.В., зам. главного технолога ООО "ПО "КИРИШНЕФ-ТЕОРГСИНТЕЗ". Опыт внедрения МДЭА в ОООО ПО "Киришнеф-теоргсинтез" // Сборник тезисов и докладов научно практической конференции "Современные способы очистки газов от сероводорода и диоксида углерода".- Нижегород., 2001.С.174-176

65. Dupart M.S., Rooney P.C., Becon T.R. Comparação de dados de laboratório e de fábrica para misturas de MDEA/TEA. // Processamento de hidrocarbonetos. abril de 1999, p. 81-86.

66. Stanbridge D.W. e Hefner Desenvolvimentos recentes no processo MDEA ativado da BASF apresentados no encontro nacional da AIChE de 1984. Encontro nacional da AIChE/ Anaheim/ Cal. 1984 y.

67. 79. Wong H.A., Kohler R., Kosseim A.J.et ai. Corrosion inhibition system passes severest test at Chevron's Princess MEA plant. Oil and Gas J., 1985 V.83 -№ 45-p. 100-108.

68. Алексеев С.З. (ОАО "ГАЗПРОМ"), Афанасьев А.И., Кисленко Н.Н. (ВНИИГАЗ) Опыт применения новых абсорбентов на ГПЗ // ОАО «ГАЗПРОМ Сборник тезисов и докладов научно практической кон-ференции «Современные способы очистки газов от сероводорода и диоксида углерода».- Нижегород., 2001.С.205-208

69. Мирзаев А.Г., Алимов А.А. Разработка интинсивной технологии очистки природного газа от агрессивных компонентов // Первая Рес-публиканская конференция магистров, Ташкент, 2003, С.3-5.

70. 82. Elgue J., Lfllemand F. MDEA based So1vents used at the Lacd pro-cessing plan . Rev. Inst. Fraпcais du Petro1e. - 1996. - V. 51. - .№5. -P. 669-676.

71. Ouwerkerk C. "Design for Selective H2S Absorption". Processamento de Hurocarbonetos. Vol. 57 № 4 abril 1978. P. 89.

72. Butwell K.F. e Kubek D.J. "Amino Guard Systems in Hudrogen Pro-duction". Acid and Sour Gas Treating Process. Gulf Publishing Co., Divisão de Livros, Houston. ВНИИГАЗПРОМ № 2 М. 1988 г.

73. Бахир В.М., Задорожний Ю.Г. Процесс очистки природного газа от сероводорода // Сборник тезисов и докладов научно практической конференции "Экологические технологии в нефтепереработке и нефтехимии" -Уфа. 2003. С.7-9.

74. Способ раскисления сырого газа и получение концентрата кислых га-зов. Procede de desacidification d'un gas pour production de gas acides conctntres: Заявка 2722110 Франция МКИ6 В 01 Д 53\14. 3\40. ollin Jean Cloude Larue Joseph, Rojey Alexandre Institut Francais du petrole- № 9408501: Заявл. 8.7.94: опубл. 12.01.96.

75. Усовершенствование процессов переработки газа на Минибаевском ГПЗ. / Бекиров Т.М., Галибаева Д.Г., Камалов Х.С., Зарипов Т.М. -М. ВНИИОНЭНТ,1979. 46 с.

76. Азимов Х.Г., Алимов А.А. Процесс очистки природного газа от кис-лых компонентов абсорбентов // Труды научно-технической конфе-ренции магистров. "ТКТИ-2005" Том 1. -Т.: 2005 с. 35-37.

77. Коррозионная стойкость оборудования химических про-изводств//,Тссля Б.М.,Старостина М.К. и др.под ред.Ю.И.Арчакова-Л.:Хи¬мия,1990.-400 с.

78. Алимов А.А., Фатихова Э.В. Активированные абсорбционных рас-творов для очистки природного газа от кислых компонентов. // Узбек-ский химический журнал.-Ташкент, 1994. № 5, С. 31-33.

79. Huval M., Van de Venne H. DEA prova ser um adoçante de gás de baixa pressão na Arábia Saudita. Oil & Gas J.-1981-V.60.-№33.-p.91-97

80. 93. Riesenfeld F.C., Brocjff J.C. Tertiary ethanolamines more economical for removal of H2S and CO2. Oil & Gas J.-1986-V.84.-№39.-p.61-65

81. Kossein A.J., Mecullough J.C. Butwel K.F. Processo Amina Guard ST inibido por corrosão. Chem. Engng. Progress.-1984- №10.-p.64-67.

82. Стрючков В.М., Афанасьев А.И., Кисленко Н.Н. и др. Обобщенный опыт промышленного использования раз¬личных абсорбентов для очистки газа на Оренбургском ГПЗ / Обз. ин-форм. Сер.: Подготовка и переработка газа и газового конденсата. под ред. В.М.Стрючкова. - М.: ИРЦ Газпром, 1997.- 35 с.

83. Mackinger H., Wichert E., Isaacs E.E. Control of Sulfur Products Emis-sion from Sour Gas Plats. Hydrogen Processing.-1982.-V.61-№3.-p.169-172

84. Настека В.И. Новые технологии очистки высокосерни¬стых природных газов и газовых конденсатов. - М.: Недра. - 1996. -107 с.

85. Г.Р.Девит, Р.Зундерман, С.Т.Донелли Увеличение мощности установ-ки по очистки газа // Нефть, газ и нефтехимия за рубежом.- Москва, 1984, № 5, с.91-94

86. Chakarty T, Phukan U.K., Weiland R.H. Reação de Gases Ácidos com Misturas de Amintos. Chem. Engng.Progr.-1985.-V.81.-P.32-36

87. Shears M.L. Bullin J.A., Michalik C.J. Converting to Mixed Amines on the Fly.Proc. 75-th Fnnual Convention of Gas Processors Association. Tulsa, 1995 - P.75-79

88. Афанасьев А.И., Стрючков В.М., Подлегаев Н.И. Повышение эффек-тивности переработки сероводородсодержащего природного газа. Этапы развития газоперерабатывающей от¬расли: Сб. научн. трудов. -М.: ВНИИгаз. 1998. - С.42-52.

89. Прохоров Е.М., Алексеев С.З., Лит¬винова Г.И. Испытания смешанно-го абсорбента на установке серо¬очистки Астраханского ГПЗ // - Газо-вая промышленность, 1997. - №10. - С.63-65.

90. Афанасьев А.И., Мурин В.И., Кисленко Н.Н. Пути повышения эколо-гических показателей процесса серочистки на ОГПЗ // "Проблемы Экологии при освоении газовых и нефтяных место¬рождений". Сб. научн. трудов. - М.: ВНИИгаз.- 1995.-С.7-12.

91. Кулиев, Г.З. Алекперов В.Г. Тагиев А.В. "Технология и моделирова-ние процессов подготовки природного газа. - М.:, Недра. 1990. с.35-39,123-139.

92. Стрючков В.М., Мелешко Н.А. Интенсификация процесса очистки природного газа от кислых компонентов. Обз.информ. Сер.: Подго-товка и переработка газа и газового конденсата.-М.: ВНИИГаз, 1984 58 с.

93. Пашкина В.В., Артемов А.В. Математические модель процесса аб-сорбционной очистки природного газа от меркаптанов. // Прикладной химии.-Москва, 1982.-Т.45.-№2.-С.361-365

94. Chludzinski G.R., Wiechert S., "Commercial experience with Flexsord SE absorbent", Paper 58 e, reunião da AlChE, Houston, 9 de abril de 1986

95. Byesada J.J., et al., "New gas-sweetening solvent proves successful in for field trials", Oil & Gas Journal, Vol.83, №23? 10 de junho de 1985, pp.144-146.

96. "Acid gas removal by versatile shell process", Convenção Anual da Gas Processors. Associa-tions Annual Convention, Houston, 17-19 de março de 1980.

97. 110. Фирма "Нортон" Извлечение сероводорода, диоксида углерода и др. из газов путем физической абсорбции // Нефть, газ и нефтехимия за рубежом. Москва, 1988.- №4 с.102-130

98. Современные процессы переработки газов, разработанные зарубеж-ными фирмами. Фирма "Эй-Эр-Ай текнолоджиз" // Нефть, газ и нефтехимия за рубежом. Москва, 1986.- №7 с.77-104

99. Абсорбция CO2 и H2S из природного газа раствором ДЭА+МДЭА (процесс аминовой очистки) второй очереди Оренбургского газопе-рерабатывающего завода. Сб. научных трудов. - М. ВНИИГаз. 1994, с.3-6.

100. Абсорбция CO2 и H2S из попутного газа раствором ДЭА (процесс аминовой очистки) Жанажольского ГПЗ, ОАО "Актобемунайгаз", CNPC, Китай Республика Казахстан // Сб. научных трудов.-М. ВНИ-ИГаз. 1994, с.21-23.

101. Абсорбция CO2 и H2S из природного газа (процесс аминовой очистки) на месторождении Довлетабад-3 Государственного Концерна "ТУРКМЕНГАЗ"., Сб. научных трудов. - М. ВНИИГаз. 1994, с.26-29.

102. Техника борьбы с коррозией.// Перевод с польского В.И.Грибеля под ред.проф.А.М.Сухатина. -Л.: Химия 1980. с.66-111.

103. Рачев Х., Стефанова С. Спровочник по коррозии.// Прев.с болг.С.И.Нейковкого, под ред.Н.И.Исаева.-М.: Мир, 1982. 520 с.

104. Ушг Г.Г., Реви Р.У. Коррозия и борьба с ней.//(введение в коррозион-ную науку и технику) перевод с англ.проф. А.М.Сухатина. -Л.: 1989. 456 с.

105. Тураев Т.Б., Алимов А.А.Технология активатора раствора абсорбен-та кислых газов // Сбор. науч. трудов международной научно-технической конференции. ТГТУ. -Ташкент, 2008. С.194-196.

106. Тураев Т.Б., Алимов А.А. Композиционные абсорбенты для очистки природного газа от агрессивных компонентов // Труды X научно-техническая конфонфереция "ТашКТИ фан хафталиги -X" магистран-тов ТХТИ. -Ташкент, 2001. С 78-80.

107. Тураев Т.Б., Алимов А.А. Кинетика и химизм абсорбции кислых газов растворами композиции аминов // Кимё ва Киме технологияси - Таш-кент:-2005, № 4. с. 70-72.

108. Тураев Т.Б., Алимов А.А. Подбор компонентов и разработка состава абсорбционного раствора кислых газов. // Узбекистон нефть ва газ. -Ташкент: 2004, № 4.с. 26-28.

109. Тураев Т.Б., Алимов А.А. Абсорбенты для очистки природного газа от агрессивных компонентов./ Труды IX научно-техническая конфон-фереция "ТашКТИ фан хафталиги -IX" магистрантов ТХТИ, - Таш-кент, 2000, с 43.

110. Тураев Т.Б. Композицион абсорбентларни яратиш ва уларни таҳли-ли./ Избранные труды научно-техническая конференция "ТКТИ-2004" г. Ташкент, 2004., с□ 102-104.

111. Тураев Т.Б., Алимов А.А. Композиционные абсорбенты кислых газов // Нефтехимия: Сбор. науч. трудов Респ. научно-практической конфе-ренциии ИОНХ АНРУз. -Ташкент, 2005. С. 78.

112. Тураев Т.Б., Алимов А.А., Адылов Д.Процесс очистки природного газа от кислых компонентов // Труды научно-технической конферен-ции "Умидли кимёгарлар-2008", Том II-Ташкент, 2008. С.244-246

113. Тураев Т.Б., Алимов А. Создание эффективного качественно-количественного состава композиционных абсорбентов для очистки природного газа//Мирзо Улуғбек номидаги Ўзбекистон Миллий уни-верситети "Ўзбекистонда кимё таълими, фани ва технологияси" Рес-публика илмий-амалий конференцияси Тезислар тўплами -Ташкент. 2002. с.266.

114. Композиционные растворы для абсорбционной очистки природного газа от его кислых компонентов// Тураев Т.Б., Алимов

А.А., Буриев М.М., Азимов Х.//Узбекский химический журнал. Ташкент. 2008.-№ 5 С.66-69.

115. Тураев Т.Б., Алимов А.А. Очистка природного газа от кислых ком-понентов композиционным абсорбентом // Материалы конференции 3-ей Международной научно- технической конференции "Нефтегазопереработка и нефтехимия-2005", VI конгресс нефтегазо-промышленников России. Уфа, 2005. С.153-154

116. Адлер Ю.П., Маркова Е.В., Граковский Ю.В. Планирование экспери-мента при поиске оптимальных условий. - М.: Наука. 1981.-282 С.

117. Рузинов Л.П. Статические методы оптимизации химических процес-сов.- М.: Химия. 1972. -182 С.

118. Оптимизация технологического режима селективной МДЭА-очистки смеси газов ОГКМ И КГКМ./ Бусыгин И.Г., Бусыгина М.В., Паламар-чук В.С., Габидулина Л.И. // Тезисы докладов Всероссийская научно-техническая конференция "Химия, технология и экология переработ-ки природного газа" -М.: 1996. с.45

Printed by Books on Demand GmbH, Norderstedt / Germany